mineralogia óptica

Fábio Braz Machado
Antonio José R. Nardy

Copyright © 2016 Oficina de Textos
1ª reimpressão 2023

Grafia atualizada conforme o Acordo Ortográfico da Língua Portuguesa de 1990, em vigor no Brasil desde 2009.

CONSELHO EDITORIAL   Arthur Pinto Chaves; Cylon Gonçalves da Silva; Doris C. C. K. Kowaltowski; José Galizia Tundisi; Luis Enrique Sánchez; Paulo Helene; Rozely Ferreira dos Santos; Teresa Gallotti Florenzano

CAPA   Malu Vallim
PROJETO GRÁFICO E DIAGRAMAÇÃO   Alexandre Babadobulos
PREPARAÇÃO DE FIGURAS   Letícia Schneiater
PREPARAÇÃO DE TEXTO   Hélio Hideki Iraha
REVISÃO DE TEXTO   Ana Paula Ribeiro
IMPRESSÃO E ACABAMENTO   Meta

Dados Internacionais de Catalogação na Publicação (CIP)
(Câmara Brasileira do Livro, SP, Brasil)

Machado, Fábio
    Mineralogia óptica / Fábio Braz Machado, Antonio José Ranalli Nardy. -- São Paulo : Oficina de Textos, 2016.

Bibliografia
ISBN 978-85-7975-245-2

1. Cristalografia 2. Geologia 3. Geologia de engenharia 4. Minas e recursos minerais 5. Mineralogia 6. Mineralogia - Estudo e ensino 7. Rochas I. Nardy, Antonio José Ranalli. II. Título.

16-05304   CDD-549

Índices para catálogo sistemático:
    1. Mineralogia 549

Todos os direitos reservados à OFICINA DE TEXTOS
Rua Cubatão, 798   CEP 04013-003   São Paulo-SP – Brasil
tel. (11) 3085 7933
site: www.ofitexto.com.br
e-mail: atend@ofitexto.com.br

"O estudo de lâminas delgadas de rochas é um dos alicerces do ensino da Geologia. Uma base fundamental para que esse aprendizado seja eficiente está no conhecimento das propriedades físicas que regem a microscopia óptica e as respostas dos minerais ao serem atravessados pela luz. É também importante saber para que servem os componentes do microscópio e como são produzidas as lâminas delgadas. Todo esse conhecimento é oferecido, de forma facilmente assimilável, nas páginas de Mineralogia Óptica, um excelente livro didático que chegou para ficar.

Prof. Dr. Antônio Carlos Pedrosa Soares
Professor Titular do Departamento de Geologia da UFMG

O presente livro é inteiramente dedicado a um assunto que fascina pela sua maneira de expor a "vida mineral" sob o olhar de um microscópio. Em Mineralogia Óptica, o tema se desenvolve a partir de conceitos básicos necessários a uma compreensão mais profunda das propriedades minerais, que se segue ao longo dos seus capítulos. São óbvios os benefícios, àqueles que se introduzem na Mineralogia, da chegada desta publicação, a qual deverá se tornar um guia prático na identificação cristalográfica dos minerais.

Prof. Dr. Gilmar Vital Bueno
Petrobras/Professor da UFF/Presidente da Sociedade Brasileira de Geologia

Esta publicação de Fábio Braz Machado e Antonio José R. Nardy vem em boa hora, trazendo de forma objetiva e clara, em uma linguagem acessível a estudantes de Geologia e Engenharia Geológica e seus docentes, bem como a profissionais de empresas (de mineração, petrolífera), um tema de suma importância para quem tem em lâminas delgadas seus estudos e/ou pesquisas. Nesse sentido, Mineralogia Óptica atende a uma demanda importante: a de suprir a falta de um livro em língua portuguesa atualizado, resgatando assim noções fundamentais em publicação com excelente qualidade gráfica. Para todos – boa leitura!

Prof. Dr. Marcos Antonio Leite do Nascimento
Professor Adjunto IV do Departamento de Geologia da UFRN

Mineralogia Óptica é fundamental para qualquer estudo de classificação, formação e evolução de rochas e minerais. Com uma linguagem acessível, esta obra representa um compêndio atualizado da disciplina e é essencial para embasar o conhecer, em especial, de estudantes e profissionais de Geologia.

Prof. Dr. Moacir José Buenano Macambira
Professor Associado da UFPA/Presidente da Sociedade Brasileira de Geologia (2012-2015)

Apresentação

É uma grande satisfação, para mim, ter o privilégio de apresentar a obra *Mineralogia Óptica*, de autoria dos competentes geólogos, acadêmicos, colegas e amigos Fábio Braz Machado e Antonio José Ranalli Nardy. Redigido em estilo claro e objetivo, este livro será seguramente de grande valia para pesquisadores e estudantes desse importante ramo da Mineralogia que trata da caracterização de minerais ao microscópio petrográfico.

Ambos os autores são especialistas de longa data em mineralogia e petrologia de rochas vulcânicas em geral, e sua preocupação científica particular tem sido o estudo da Província Magmática do Paraná, que tem uma enorme importância pela sua extensão geográfica no Sul do Brasil e pelo seu grande interesse na história geológica da América do Sul.

O primeiro autor, Fábio Braz Machado, formou-se em Geologia pelo IGCE da Unesp em 2003, obteve seus graus de mestre e doutor pela mesma universidade, e presentemente é professor da Unifesp. Digna de nota é sua atuação junto à Sociedade Brasileira de Geologia, onde foi presidente do núcleo de São Paulo e também presidente do 46º Congresso Brasileiro de Geologia, em 2012. Atualmente é o secretário-geral da SBG. O segundo autor, Antonio José Ranalli Nardy, também se formou em Geologia pela Unesp, em 1981, obteve seu mestrado em Geofísica pelo IAG-USP e o seu doutorado em Geologia Regional pelo IGCE da Unesp. Nardy é também pesquisador do CNPq, e foi orientador do Fábio, tanto no programa de mestrado como no doutorado. Ambos lecionam na área de Petrologia e Geoquímica de Rochas Ígneas e dividem a responsabilidade pela disciplina específica de Mineralogia Óptica há vários anos.

A respeito do conteúdo deste livro, o seu capítulo introdutório é uma revisão crítica sintética dos conceitos teóricos básicos sobre Física Óptica, e o segundo capítulo mostra como funciona o microscópio petrográfico e também o que acontece quando a luz polarizada incide no mineral a ser estudado. Os quatro capítulos seguintes, os mais importantes do livro, são de natureza eminentemente prática, com o objetivo de fazer entender a cristalografia óptica dos minerais e como se pode determinar, no microscópio, as suas características ópticas. A importância desta obra decorre de que praticamente não há livros didáticos que possam atender com a necessária profundidade a matéria presente, numa área como a de Mineralogia, em que os próprios livros existentes são muito poucos. O livro de Fábio e Nardy tem texto direcionado aos alunos e profissionais do ramo e ilustrações cuidadosamente adaptadas para o que pretendem demonstrar.

A meu ver, não há qualquer dúvida de que *Mineralogia Óptica* é indispensável para todos os pesquisadores de Geologia e Petrologia que trabalham com identificação de minerais em rochas e especialmente para os estudantes dessa disciplina, normalmente obrigatória nos 36 cursos de Geologia e de Engenharia Geológica que existem no Brasil.

Umberto G. Cordani
Agosto de 2016

Prefácio

Poucos são os livros nacionais que tratam deste assunto tão importante que é a identificação de minerais ao microscópio petrográfico. A única obra exclusiva sobre o assunto foi publicada quase 40 anos atrás. Infelizmente, até o presente momento, as publicações estão restritas às obras internacionais em língua estrangeira e não traduzidas para o português.

Mineralogia Óptica, ou ainda o estudo de minerais ao microscópio, é uma disciplina obrigatória nos cursos de Geologia e Engenharia Geológica, imprescindível para o entendimento das Petrologias, da Cristalografia, Prospecção, Geologia Econômica, Paleontologia e Pedologia. Trata-se do pilar de uma boa interpretação sobre a gênese de uma rocha, a viabilidade econômica ou até mesmo a compreensão de um dado geoquímico.

De certa forma, ao longo dos anos, com a modernização tecnológica dos microscópios petrográficos, especialmente no tratamento de imagens, e o surgimento de novas empresas fabricantes no mercado, barateou-se seu custo. Isso promoveu sua disseminação nas empresas de geologia e mineração, aumentando o nível de exigência de conhecimento acerca de Mineralogia e Petrografia do profissional em comparação ao que até então se cobrava.

Texturas, estruturas, porosidade passaram a ser termos comuns no cotidiano de profissionais da área de mineração ou da prospecção. Assim, "cruzar os nicóis" tornou-se uma frase corriqueira para o geólogo.

Por isso, este livro vem preencher uma lacuna no conhecimento geocientífico nacional. Escrito de forma fácil, agradável, dinâmica e com muitas figuras cuidadosamente desenhadas, leva ao leitor a resposta sobre as mais diversas ferramentas de identificação de minerais ao microscópio.

O livro começa com as propriedades básicas de parte da Física Óptica, levando o leitor ao entendimento sobre o comportamento da luz incidente no mineral. Após isso, são abordadas características importantíssimas, como hábito, clivagem, relevo, partição, cor, pleocroísmo e relação com a Cristalografia, seguindo para o sistema ortoscópico com sinal de elongação e tipos de extinção.

Ao término, é abordada a conoscopia, com os tipos de figuras de interferência para minerais uniaxiais e biaxiais (algumas delas ausentes na literatura internacional) e medição e formação do ângulo 2V.

Por fim, os autores desejam imensamente que este livro seja uma ferramenta útil, importante para estudantes e profissionais que necessitam saber, ou recordar, técnicas de uso do microscópio petrográfico.

Os Autores

Sumário

1. **Conceitos básicos** 11

2. **O microscópio petrográfico e tipos de preparado para análises** 22
   - 2.1 Generalidades 22
   - 2.2 Tipos de preparado para análises microscópicas 22
   - 2.3 O microscópio petrográfico ou de luz polarizada 24
   - 2.4 Objetivas 25
   - 2.5 Objetivas secas e de imersão 27
   - 2.6 Oculares 27
   - 2.7 O aumento visual total do microscópio 28
   - 2.8 Polarizador e analisador 28
   - 2.9 Platina 30
   - 2.10 Lente de Amici-Bertrand 30
   - 2.11 Condensadores 30
   - 2.12 Diafragma-íris 31
   - 2.13 Filtros 31

3. **As indicatrizes dos minerais** 32
   - 3.1 Minerais isotrópicos e anisotrópicos uniaxiais 32
   - 3.2 Minerais anisotrópicos biaxiais 41

4. **Observação dos minerais à luz natural polarizada** 52
   - 4.1 Cor 52
   - 4.2 Relevo 58
   - 4.3 Determinação dos índices de refração com óleos de imersão 62
   - 4.4 Clivagem 63
   - 4.5 Partição 67
   - 4.6 Hábito 67

5. Observação dos minerais sob nicóis cruzados: ortoscopia 69

- 5.1 Princípios de interferência da luz 69
- 5.2 Cores de interferência 72
- 5.3 Efeito da rotação da platina e posições de extinção e máxima luminosidade 74
- 5.4 Os compensadores e as posições dos raios lento e rápido de um mineral...76
- 5.5 Determinação da ordem de certa cor de interferência 81
- 5.6 Birrefringência 83
- 5.7 Determinação da espessura de um grão mineral 86
- 5.8 Ângulo e tipos de extinção 87
- 5.9 Sinal de elongação 89

6. Observação conoscópica dos minerais 93

- 6.1 As figuras de interferência dos minerais uniaxiais............................ 93
- 6.2 As figuras de interferência dos minerais biaxiais 105

Anexo A1 122

Figuras coloridas 124

Referências bibliográficas 127

Conceitos básicos

Para entender os métodos de identificação de minerais ao microscópio, faz-se necessária a compreensão básica da parte mais elementar da Física Óptica, cujo conteúdo é resumidamente apresentado neste capítulo.

As propriedades ópticas de um mineral observadas ao microscópio petrográfico estão relacionadas à maneira como a luz se propaga em seu interior, trazendo informações importantes para a sua identificação.

A luz é a parte visível do espectro eletromagnético, que compreende desde os raios γ até as ondas longas de rádio, como mostra a Fig. 1.1.

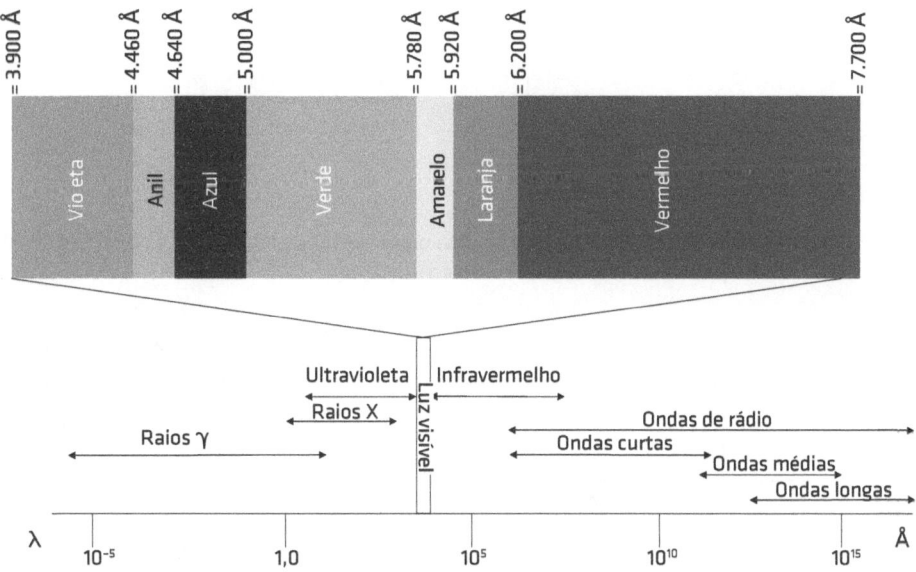

Fig. 1.1 O espectro eletromagnético, com destaque para a porção correspondente ao espectro da luz visível, compreendendo o intervalo de 3.900 Å a 7.700 Å

Os limites dos intervalos de comprimento de onda (λ) das diferentes cores do espectro da luz visível são arbitrários, uma vez que as cores passam umas para as outras gradualmente. Se na retina humana chegam simultaneamente ondas com comprimentos de 3.900 Å a 7.700 Å, o cérebro as interpreta como luz branca. Em outras palavras, a luz branca é a "mistura" de todas as cores do espectro da luz visível, conforme demonstra o conhecido experimento do disco de Newton.

A luz apresenta natureza tanto ondulatória quanto corpuscular. Na Mineralogia Óptica, a luz será tratada como uma onda em movimento harmônico contínuo representada somente pela sua componente elétrica, que de fato é mais importante na análise dos fenômenos ópticos (Fig. 1.2).

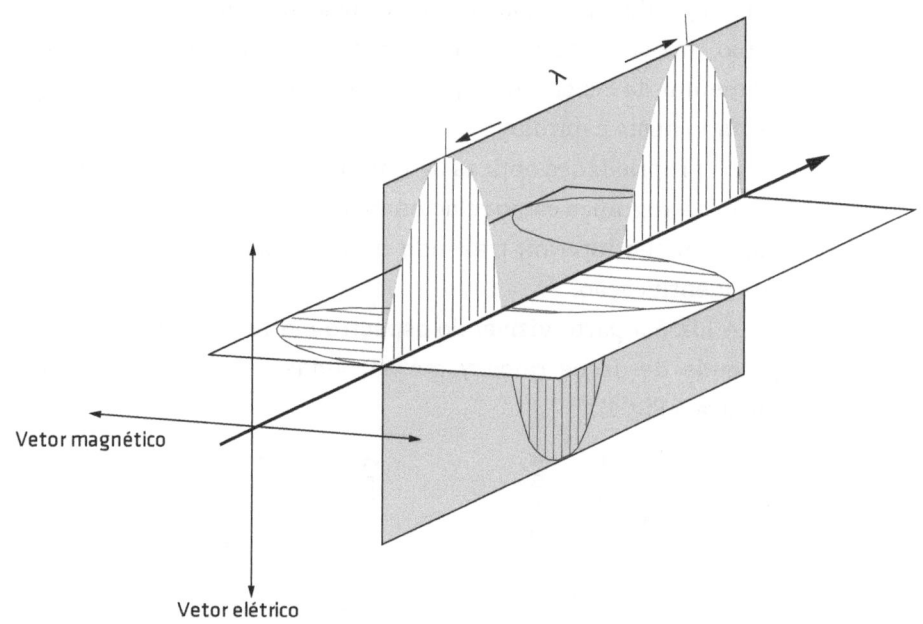

Fig. 1.2 Representação esquemática de uma onda eletromagnética com as direções de vibração representadas pelos vetores magnético e elétrico

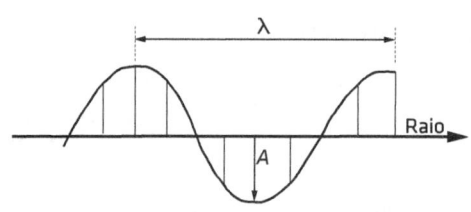

Fig. 1.3 Trem de onda mostrando a distância equivalente a um comprimento de onda λ e com amplitude igual a A

Para caracterizar o comportamento da luz através de meios cristalinos, é necessário definir alguns parâmetros essenciais, como:

▸ *Comprimento de onda* (λ) – a distância entre duas posições consecutivas e idênticas (ou em fase) na direção de propagação de uma onda, como ilustra a Fig. 1.3.

O comprimento de onda, no caso da luz visível, é dado em angstroms (Å), sendo 1 Å = 1 × 10^{-7} mm = 1 × 10^{-1} mµ.

- *Período (T)* – o tempo gasto para completar uma oscilação, ou seja, o tempo necessário para percorrer uma distância igual a um comprimento de onda (λ). O período é expresso em segundos.
- *Frequência (f)* – o número de oscilações completadas em certa unidade de tempo. A frequência é expressa em ciclos por segundo ou hertz. Observar que o período é o inverso da frequência, ou seja:

$$f = \frac{1}{T} \qquad (1.1)$$

- *Velocidade da luz* – a velocidade da luz no vácuo é igual para todas as cores e corresponde a $c = 299.776(\pm 4)$ km/s.

A relação que a frequência, a velocidade da luz e o comprimento de onda guardam entre si é:

$$f = \frac{c}{\lambda} \qquad (1.2)$$

Essa equação mostra que a velocidade da luz depende de seu comprimento de onda (λ), ou seja, sua cor.

- *Luz monocromática* – luz constituída de um único comprimento de onda ou variável em um intervalo bastante estreito, como aquela de uma lâmpada de vapor de sódio, em que λ varia entre 5.890 Å e 5.896 Å.
- *Luz policromática* – luz constituída de uma larga variação de comprimentos de onda, como a luz do sol e a proveniente de uma lâmpada doméstica.

O microscópio petrográfico utiliza-se de uma fonte de luz policromática, obtida por meio de uma lâmpada com filamento de tungstênio que produz luz de cor amarelada, adicionada de um filtro azul para torná-la branca, uma vez que o azul é a cor complementar do amarelo. O emprego de luz policromática no microscópio é desejável, pois promove o fenômeno da dispersão dos índices de refração nos minerais (que podem ter um ou mais, conforme será visto mais adiante). A luz monocromática, por sua vez, é utilizada apenas em medidas ópticas de precisão, como nos refratômetros (equipamentos que medem o índice de refração de minerais e líquidos).

- *Raio* – direção de propagação da luz a partir do ponto de origem a outro ponto qualquer. Nos meios homogêneos, os raios são retilíneos.
- *Feixe* – conjunto de raios de luz que partem de uma mesma fonte.
- *Superfície de onda ou superfície de velocidade de onda* – a partir de um ponto luminoso, infinitos raios são emitidos em todas as direções. Passado certo tempo, esses raios terão percorrido determinada distância desde sua origem. A linha ou superfície que une ou contém as extremidades desses raios denomina-se superfície de velocidade de onda, ou seja, une os raios que possuem uma mesma velocidade, conforme mostra a Fig. 1.4.

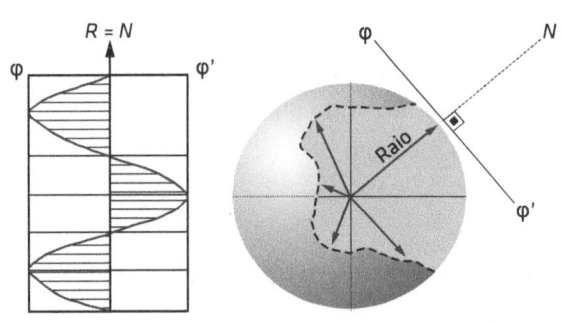

Dessa forma, em um meio isotrópico, onde a velocidade da luz é igual em todas as direções, a superfície de onda em qualquer instante será esférica.

Já em um meio anisotrópico, a velocidade da luz não é igual em todas as direções, sendo sua superfície de onda representada por um elipsoide, como ilustra a Fig. 1.5. Nessa figura, pode-se observar que a frente de onda (φ-φ') só será perpendicular ao raio (R) nas direções dos eixos principais do elipsoide (norte-sul, leste-oeste), bem diferente dos meios isotrópicos, onde a frente de onda é sempre perpendicular ao raio.

FIG. 1.4 Superfície de onda em meio isotrópico, em que φ-φ' = frente de onda, que é a direção de vibração da luz em um ponto qualquer (superfície tangente à superfície de onda), N = normal (sempre perpendicular à frente de onda) e R = raio. Observar que uma onda se propaga na direção do raio, mas a frente de onda avança na direção da normal à onda

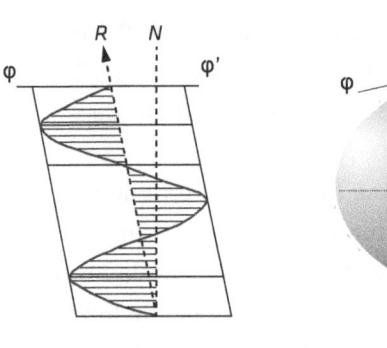
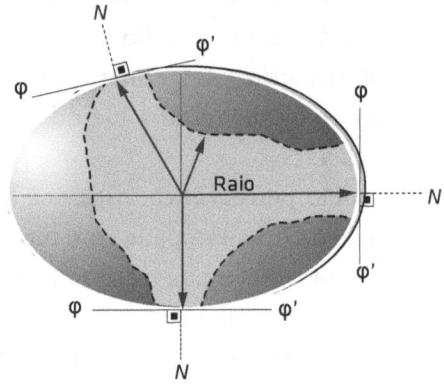

FIG. 1.5 Superfície de onda em meio anisotrópico. Observar que a frente de onda (φ-φ') só será perpendicular ao raio (R) nas direções dos eixos principais (norte-sul, leste-oeste), e consequentemente a frente de onda se afasta da direção da normal

▶ *Princípios da reflexão e da refração* – as construções geométricas mostrando como a luz é refletida ou refratada baseiam-se no princípio de Huygens, elaborado em 1690, que diz: "qualquer ponto ou partícula excitado pelo impacto da energia de uma onda de luz se torna uma nova fonte puntiforme de energia". Então, cada ponto sobre uma superfície refletora pode ser considerado uma fonte secundária de radiação com a sua própria superfície de onda.

A lei fundamental sobre a reflexão afirma que os ângulos de incidência e reflexão medidos a partir de uma normal à superfície refletora são iguais e situam-se no mesmo plano (Fig. 1.6), denominado plano de incidência.

Logo, admitindo-se um meio como isotrópico e aplicando-se o princípio de Huygens, pode-se determinar a frente de onda dos raios refletidos traçando-se uma linha tangente às superfícies de onda dos raios de luz incidentes. Dessa forma, os raios de luz refletidos serão perpendiculares à frente de onda (φ-φ').

Já para a refração, quando um raio de luz atinge uma superfície que separa dois meios (no presente caso, anisotrópicos), parte da luz é refletida e a outra penetra no meio, sendo desviada ou refratada. Admitindo-se como *v*1 a velocidade de propagação no meio 1 e *v*2 a velocidade de propagação no meio 2, que *v*1 > *v*2 e que *b-b'* é a frente de onda dos raios incidentes, pode-se determinar a direção de propagação dos raios refratados com base no princípio de Huygens, segundo o qual os pontos de impacto da luz no contato entre os dois meios *g-g'* agem como fontes secundárias de luz (Fig. 1.7).

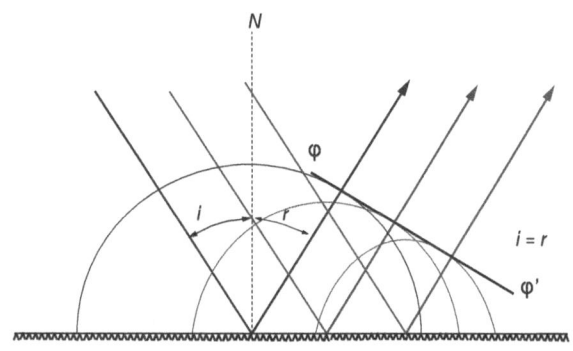

FIG. 1.6 O princípio de Huygens aplicado à reflexão

Admitindo-se agora um meio como isotrópico e traçando-se a frente de onda dos raios refratados (φ-φ'), a trajetória dos raios de luz será aquela perpendicular a φ-φ'.

De acordo com o princípio da refração, o raio incidente, o raio refratado e a normal (*N-N'*) à superfície de separação entre os dois meios (φ-φ') são coplanares.

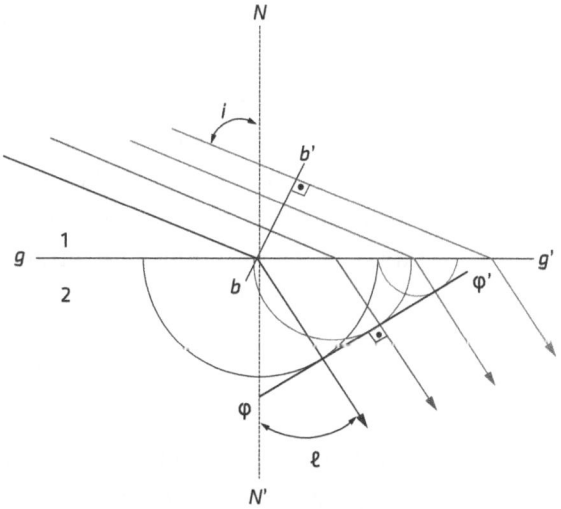

FIG. 1.7 O princípio de Huygens aplicado à refração

A relação entre os ângulos de incidência, os ângulos de refração e as velocidades de propagação nos dois meios é dada pela lei de Snell, formulada em 1621:

$$\frac{v1}{v2} = \frac{\text{sen } i}{\text{sen } I} = n1,2 \qquad (1.3)$$

em que *n*1,2, uma constante, é o índice de refração do meio 2 em relação ao meio 1.

Essa expressão mostra que a relação entre as velocidades em dois meios isotrópicos é proporcional à relação entre os senos dos ângulos dos raios incidentes e refratados. Assim, se o ângulo de incidência for igual a zero, então o sen i = 0, ou seja, a luz incidindo normalmente sobre uma superfície plana não será refratada (não sofrerá desvio).

Por outro lado, se a luz incide obliquamente sobre um sólido opticamente mais denso ou com maior índice de refração, o raio refratado se aproximará da normal e passará a se propagar com uma velocidade menor do que aquela em que vinha se propagando no outro meio.

▶ *Índice de refração* – quando a luz passa de um meio para outro, sua velocidade aumenta ou diminui devido às diferenças das estruturas atômicas ou das densidades ópticas das duas substâncias, sendo essas diferenças também denominadas índices de refração.

O índice de refração absoluto de um meio pode ser obtido experimentalmente e é dado pela relação:

$$n = \frac{c}{v} \tag{1.4}$$

em que c = velocidade da luz no vácuo e v = velocidade da onda de luz para um comprimento de onda específico em certo meio.

O índice de refração da luz no vácuo é considerado, de modo arbitrário, igual a 1, que é praticamente aquele obtido para o ar: 1,00029 (temperatura de 15° C e 1 atm de pressão). De fato, o índice de refração de um mineral é tratado de forma relativa, sendo comparado com o do vácuo (ou ar), ou seja, avaliam-se quantas vezes esse índice de refração é maior do que aquele do vácuo. É, portanto, uma grandeza adimensional derivada de:

$$\frac{v1}{v2} = \frac{n2}{n1} = n1,2 \tag{1.5}$$

Dessa expressão, nota-se que o índice de refração de um mineral é inversamente proporcional à velocidade de propagação da luz em seu interior, ou seja, quanto mais denso opticamente for o mineral, menor será a velocidade de propagação da luz. Aliás, há uma relação entre o índice de refração e a densidade de um mineral, dada por:

$$n - 1 = K \rho \tag{1.6}$$

em que n = índice de refração do mineral, K = uma constante e ρ = densidade do mineral.

Ainda se pode relacionar o índice de refração à velocidade de propagação e ao comprimento de onda da luz:

$$\frac{v1}{v2} = \frac{\operatorname{sen} i}{\operatorname{sen} I} = \frac{n2}{n1} = \frac{\lambda 1}{\lambda 2} \tag{1.7}$$

Determinações precisas do índice de refração empregam fontes de luz fortemente monocromáticas, no caso, lâmpadas de vapor de sódio (λ = 5.890 Å). Porém, rotineiramente, utilizam-se fontes policromáticas, como é o caso do microscópio petrográfico, cujas lâmpadas halógenas com filamento de tungstênio emitem luz de coloração amarelada que é filtrada por uma placa de vidro azul para obter luz branca e, assim, não interferir na observação da cor natural de um mineral.

A Eq. 1.7 mostra que o índice de refração de uma substância difere para as várias cores que compõem a luz branca, de forma que, quanto maior o comprimento de onda (λ), menor o valor do índice de refração (Fig. 1.8). Esse fenômeno, a que se dá o nome de dispersão dos índices de refração ou cromatismo, é bastante conhecido por *decomposição da luz branca* e demonstrado quando a luz branca atravessa um prisma de vidro, tendo como resultado o aparecimento das cores que compõem o arco-íris (Fig. 1.9).

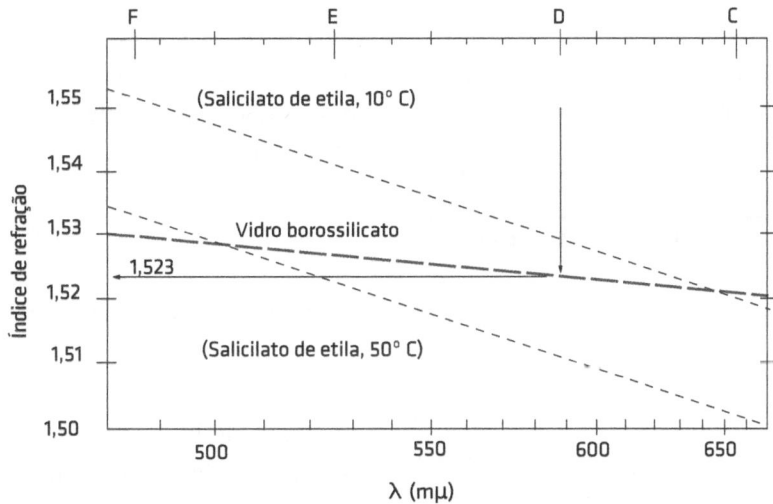

Fig. 1.8 Diagrama que mostra a variação dos índices de refração em função dos diferentes comprimentos de onda (em mm). F, E, D e C correspondem às linhas de absorção de Fraunhofer, formuladas em 1814

Como o índice de refração de uma substância depende do comprimento de onda da luz, em Óptica Cristalina os índices de refração dos minerais são reportados para um comprimento de onda específico, λ = 589 mμ (ou 5.890 Å), que corresponde a uma das linhas de absorção de Fraunhofer para a luz solar – n_D (linha D na Fig. 1.8) –, que é o comprimento de onda da luz emitida por uma lâmpada de vapor de sódio. Com isso, e no caso do exemplo apresentado na Fig. 1.8, o índice de refração da placa de vidro borossilicato seria 1,523.

Para efeito de comparação, a Tab. 1.1 mostra os índices de refração de algumas substâncias comuns a 20° C.

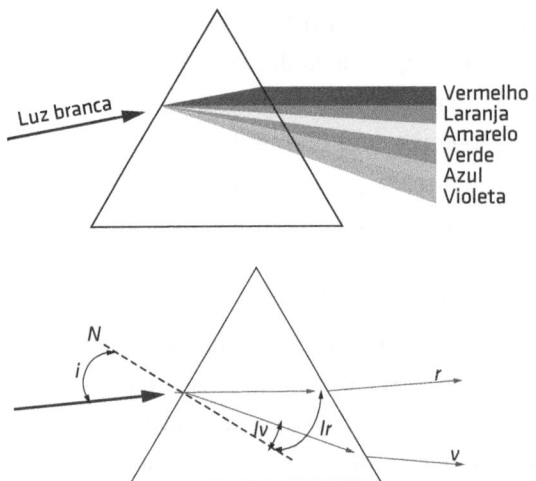

FIG. 1.9 Dispersão dos índices de refração da luz branca observada em um prisma de vidro, em que i = ângulo de incidência, N = normal à superfície de incidência da luz, r = trajetória do raio de cor vermelha (λ = 7.700 Å), v = trajetória do raio de cor violeta (λ = 3.900 Å), Ir = ângulo de refração do raio vermelho e Iv = ângulo de refração do raio

TAB. 1.1 Índices de refração de algumas substâncias comuns a 20° C

Substância	Índice de refração (n)
Água	1,333
Álcool etílico (anidro)	1,362
Acetona	1,357
Querosene	1,448
Nujol (óleo laxante)	1,477
Bálsamo do canadá	1,537

Os índices de refração dos minerais não opacos mais comuns variam entre 1,326 (vilaunita) e 2,415 (goetita). Cerca de 56% deles situam-se entre 1,475 e 1,700 (Fleischer; Wilcox; Marzko, 1984). Portanto, é plausível utilizar-se de um meio de imersão em análises ópticas, como o bálsamo do canadá, uma vez que seu índice de refração é igual a 1,537, ou seja, próximo ao ponto médio desse intervalo.

Na Fig. 1.9, são mostrados apenas os dois raios extremos do espectro da luz visível, isto é, o vermelho (r), com λ = 7.700 Å, e o violeta (v), com λ = 3.900 Å. Se o índice de refração do prisma para a cor vermelha (nr) for igual a 1,50, e, para o violeta (nv), igual a 1,60, têm-se que:

$$\text{sen } Ir = \frac{\text{sen } i}{1{,}50} \qquad \text{sen } Iv = \frac{\text{sen } i}{1{,}60}$$

Ou seja, o raio vermelho terá um ângulo de refração (Ir) menor que o do violeta (Iv). Verifica-se, portanto, que raios de luz com comprimentos de onda mais curtos têm velocidades menores e, consequentemente, refratam-se menos do que aqueles com comprimentos mais longos. Generalizando, pode-se dizer que, em substâncias incolores, o índice de refração varia inversamente ao comprimento de onda da luz.

Por fim, define-se a dispersão (D) de um meio qualquer como a diferença entre os índices de refração para o violeta e o vermelho:

$$D = n_{viol} - n_{verm} \tag{1.8}$$

▶ *Ângulo crítico e a reflexão total* – a lei de Snell mostra que:

$$\frac{\text{sen } i}{\text{sen } I} = \frac{nl}{ni} \tag{1.9}$$

Então, se *ni* for menor que *nl*, a relação *ni/nl* será sempre menor do que 1,0 e, consequentemente, *l* será sempre menor que *i*, ou seja, sempre haverá refração e o raio refratado (*l*) se aproxima da normal. Por outro lado, se o meio de incidência do raio de luz tiver um índice de refração *ni* > *nl*, a razão *ni/nl* será sempre maior que 1,0 e, evidentemente, *l* será maior que *i*. Portanto, para que haja refração, é necessário que o ângulo *i* seja tal que leve *r* a ser menor do que 90°, ou que o sen *r* < 1. Caso isso não ocorra, haverá uma situação de indeterminação.

Simplificando a equação anterior:

$$\text{sen } l = \frac{ni}{nl} \text{sen } i \qquad (1.10)$$

O valor de *i* que leva a sen *r* = 1 ou *r* = 90° (*ic* na Fig. 1.10) é designado como ângulo crítico. Para valores de *i* superiores ao ângulo crítico, não se observará mais refração, mas apenas reflexão (reflexão total).

▶ *Polarização da luz* – as ondas de luz se propagam em movimento ondulatório transversal, no qual a direção de vibração é perpendicular à direção de propagação.

A luz natural, ou não polarizada, apresenta inúmeras direções de vibração, mas todas elas perpendiculares à direção de propagação do raio, como mostra a Fig. 1.11.

A luz polarizada, por sua vez, exibe apenas uma direção de vibração, também perpendicular à sua direção de propagação, conforme se observa na Fig. 1.12.

Para obter a polarização da luz natural, é necessária a aplicação de um dos três métodos: reflexão e refração; absorção seletiva; ou dupla refração.

▶ *Polarização por reflexão* – a luz incidente em uma superfície plana e polida sofrerá em parte reflexão, que será polarizada perpendicularmente ao plano de incidência. A porção refratada não será polarizada.

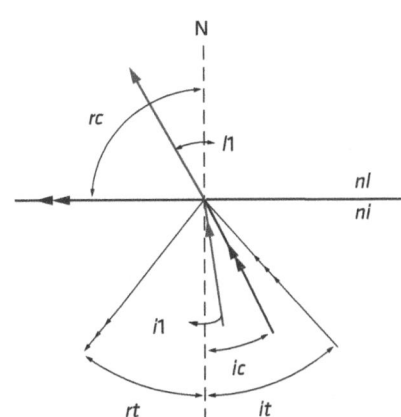

Fig. 1.10 Esquema mostrando raios com diferentes ângulos de incidência, em que *i* = incidente, *l* = refratado, *r* = refletido, *c* = ângulo crítico e *t* = reflexão total

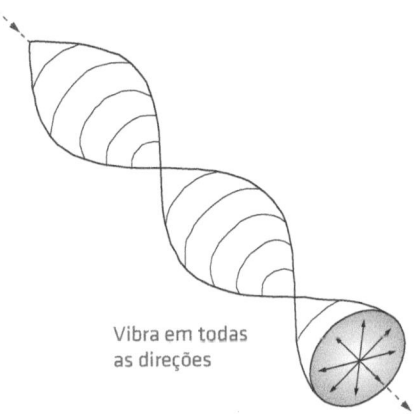

Fig. 1.11 Representação tridimensional de um raio de luz não polarizado. A seta com linha pontilhada representa a direção de propagação

▶ *Polarização por absorção* – empregam-se substâncias que deixam atravessar a luz apenas em certas direções preferenciais, como cristais de turmalina cortados paralelamente ao eixo cristalográfico C ou polaroides.

A turmalina, por exemplo, tem a propriedade de transmitir a máxima quantidade de luz para os raios que apresentem direção de vibração paralela à sua direção de maior alongamento ou paralela ao eixo cristalográfico C. Assim, quando um feixe de luz não polarizado atinge a turmalina, todos os raios que exibem direção de vibração diferente daqueles de seu eixo cristalográfico C serão absorvidos pelo cristal. Os transmitidos estarão polarizados com direção de vibração paralela àquela direção cristalográfica, como demonstra a Fig. 1.13.

▶ *Polarização por dupla refração* – ao atravessar um meio anisotrópico, um raio de luz se refrata, desdobrando-se em dois raios que vibram em planos perpendiculares entre si, denominados extraordinário (E) e ordinário (O). A calcita exibe esse fenômeno de maneira notável, uma vez que $n\varepsilon$ = 1,486 (associado ao raio extraordinário E) e $n\omega$ = 1,658 (associado ao raio ordinário O). Assim, um cristal de calcita é cortado convenientemente em duas partes, que são coladas uma à outra por bálsamo do canadá (nb = 1,537). A essa montagem, dá-se o nome de Prisma de Nicol, conforme mostra a Fig. 1.14.

O raio ordinário (O) se propaga no cristal de calcita regido pelo seu índice de refração $n\omega$. Ao atingir o bálsamo do canadá com um ângulo de incidência maior do que aquele denominado ângulo crítico (pois nb > $n\omega$), será observado o fenômeno da reflexão total, e o raio ordinário será então absorvido pela parede enegre-

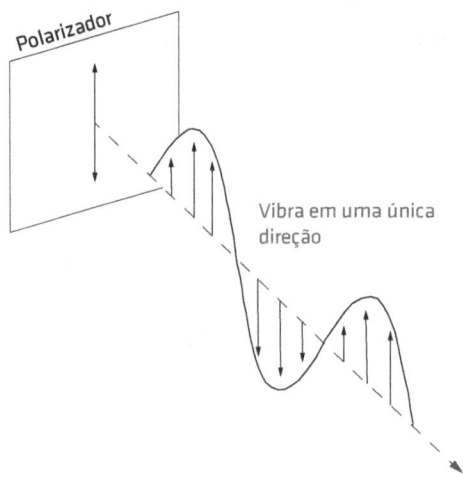

Fig. 1.12 Representação tridimensional de um raio de luz não polarizado. A seta com linha pontilhada representa a direção de propagação

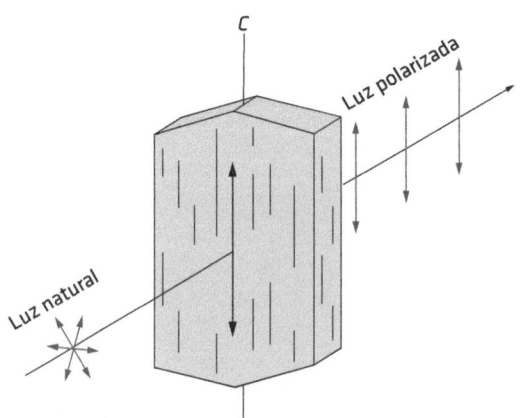

Fig. 1.13 Polarização da luz natural através de absorção seletiva por meio de cristal de turmalina

cida do prisma (Fig. 1.14). O raio extraordinário (*E*) atravessa o cristal de calcita comandado pelo índice de refração *n*ε, que é próximo àquele do bálsamo do canadá, e nunca sofrerá o fenômeno da reflexão total (pois *n*ε < *nb*) e sempre será refratado, atravessando a camada de bálsamo sem sofrer desvio apreciável. Com isso, obtém-se luz polarizada que pode ser usada de forma rotineira em microscopia.

FIG. 1.14 Esquema do Prisma de Nicol

Atualmente, os microscópios empregam polarizadores constituídos por substâncias orgânicas designadas como placas polaroides, fornecendo luz polarizada por meio da absorção seletiva da luz.

2 O microscópio petrográfico e tipos de preparado para análises

2.1 GENERALIDADES

A primeira descrição microscópica de uma rocha foi efetuada em 1849 por um inglês de nome Henry Clifton Sorby (Fig. 2.1). Evidentemente, na época foi considerado insano e ridicularizado por seus colegas. Cético, o cientista afirmava: "Eu acredito que não há necessariamente conexão entre o tamanho do objeto e sua importância na explicação de um fato". Hoje, ele é considerado o pai da Petrografia Microscópica.

Dois métodos básicos de microscopia óptica são empregados em Geologia (Fig. 2.2):

FIG. 2.1 Henry Clifton Sorby
Foto: cedida pela Geological Society of London.

- ▶ *Luz transmitida*: utilizada para a análise de minerais transparentes, em que a luz atravessa o objeto a ser estudado e atinge a objetiva do microscópio e, depois, a ocular.
- ▶ *Luz refletida*: usada para a análise de minerais opacos, sendo que a luz incide na superfície do mineral e é refletida em direção à objetiva do microscópio e, depois, à ocular.

2.2 TIPOS DE PREPARADO PARA ANÁLISES MICROSCÓPICAS

A análise de minerais transparentes por meio de microscopia óptica de transmissão é feita mediante dois tipos de preparado principais:

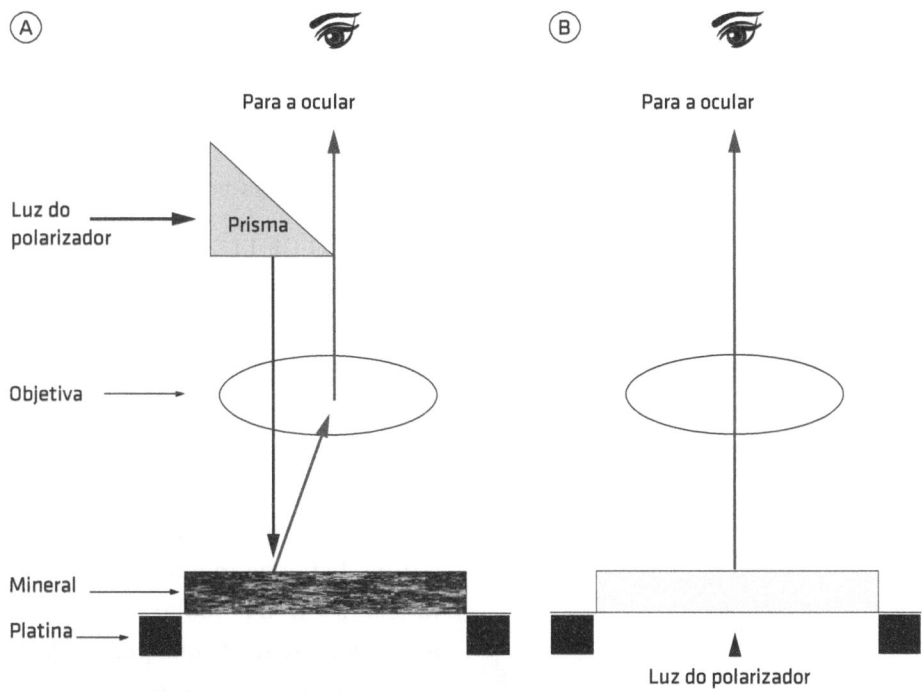

Fig. 2.2 Diagramas esquemáticos de sistemas ópticos de luz (A) refletida e (B) transmitida. No primeiro caso, o mineral deverá ser opaco e ter uma boa superfície refletora, enquanto no segundo deverá ser transparente

▶ *Lâminas delgadas*: são obtidas por meio de uma seção extremamente fina (da ordem de 0,03 mm) de uma rocha, solo ou mineral, conforme mostra a Fig. 2.3. Sua vantagem principal é que todos os cristais e/ou minerais presentes na seção têm uma mesma espessura conhecida, o que permite determinar uma série de propriedades ópticas, em especial aquelas referentes à interferência da luz.

▶ *Lâminas de pó de um material granulado*: são obtidas por meio de moagem ou concentração dos espécimes minerais a serem estudados, como ilustra a Fig. 2.4. Emprega-se esse método em Mineralogia Determinativa, principalmente em Petrologia Sedimentar, para a identificação de minerais pesados presentes na rocha.

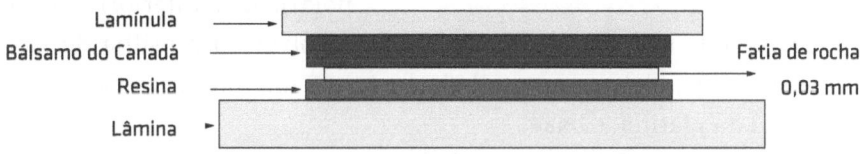

Fig. 2.3 Representação esquemática de uma montagem em lâmina delgada

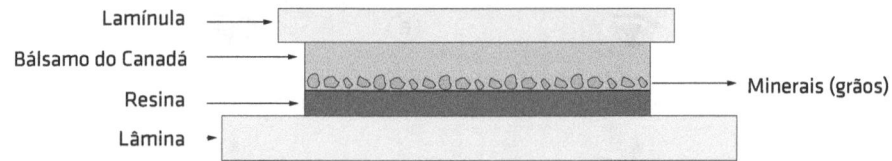

FIG. 2.4 Representação esquemática de uma montagem em lâmina de pó de um mineral granulado

2.3 O MICROSCÓPIO PETROGRÁFICO OU DE LUZ POLARIZADA

Um microscópio ordinário é constituído fundamentalmente pela associação de duas lentes convergentes denominadas objetiva e ocular. Essas duas lentes são montadas em posições fixas nos extremos opostos de um tubo de metal de comprimento *l* (Fig. 2.5).

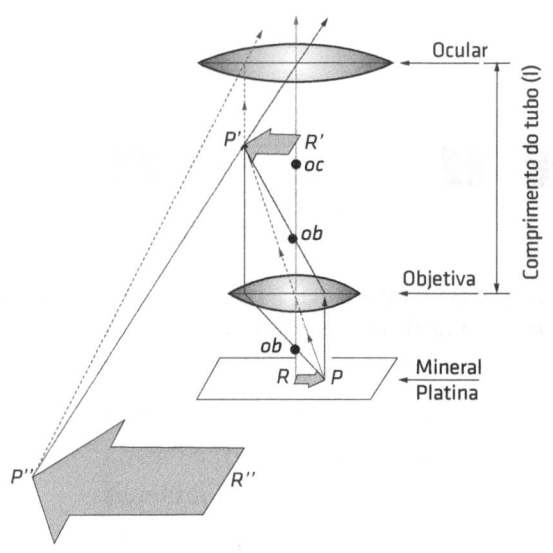

FIG. 2.5 Representação esquemática de um microscópio ordinário, em que *ob* = distância focal da objetiva, *oc* = distância focal da ocular, *PR* = mineral disposto sobre a lâmina e a platina do microscópio, *P'R'* = imagem real aumentada do mineral produzida pela objetiva e *P"R"* = imagem virtual aumentada do mineral produzida pela ocular

Basicamente, a objetiva forma uma imagem real aumentada do mineral examinado (*PR*), o qual se posiciona a uma distância menor do que a distância focal da ocular (*oc*). Assim, a imagem real obtida pela objetiva (*P'R'*) é aumentada quando vista através da ocular, como uma imagem virtual (*P"R"*).

O microscópio petrográfico nada mais é que um microscópio ordinário ao qual são introduzidos dois polarizadores, sendo um posicionado acima e outro abaixo do mineral a ser examinado. As diversas partes constituintes de um microscópio petrográfico podem ser agrupadas no sistema óptico – ocular, lente de Amici-Bertrand, analisador (ou polarizador superior), objetiva, condensador móvel, diafragma-íris, condensador fixo, filtro azul e polarizador (ou polarizador inferior) – e no sistema mecânico de suporte – canhão, braço, revólver ou presilha de sustentação das objetivas, platina, cremalheira macro e micrométrica de movimentação vertical da platina, e base.

A introdução de alguns ou de todos os elementos no caminho óptico do microscópio petrográfico permite a determinação de diferentes propriedades, constituindo, assim, sistemas ópticos distintos, conforme mostra o Quadro 2.1

e a Fig. 2.6. Sempre estarão presentes no caminho óptico o polarizador inferior, o filtro azul, o condensador fixo, a objetiva e a ocular.

QUADRO 2.1 Relação dos sistemas ópticos com as peças do microscópio petrográfico utilizadas e as propriedades observáveis

Sistema	Peças ópticas utilizadas	Propriedades ópticas observáveis
Luz natural	Polarizador inferior (objetiva pequena ou média)	Morfológicas: hábito, relevo, cor, divisibilidade etc.
Ortoscópico	Polarizador inferior e analisador (objetiva pequena ou média)	Cores de interferência: birrefringência, sinal de elongação, tipo de extinção etc.
Conoscópico	Polarizador inferior, analisador, lente de Amici-Bertrand e condensador móvel (objetiva maior)	Figuras de interferência: caráter óptico, sinal óptico, ângulo 2V etc.

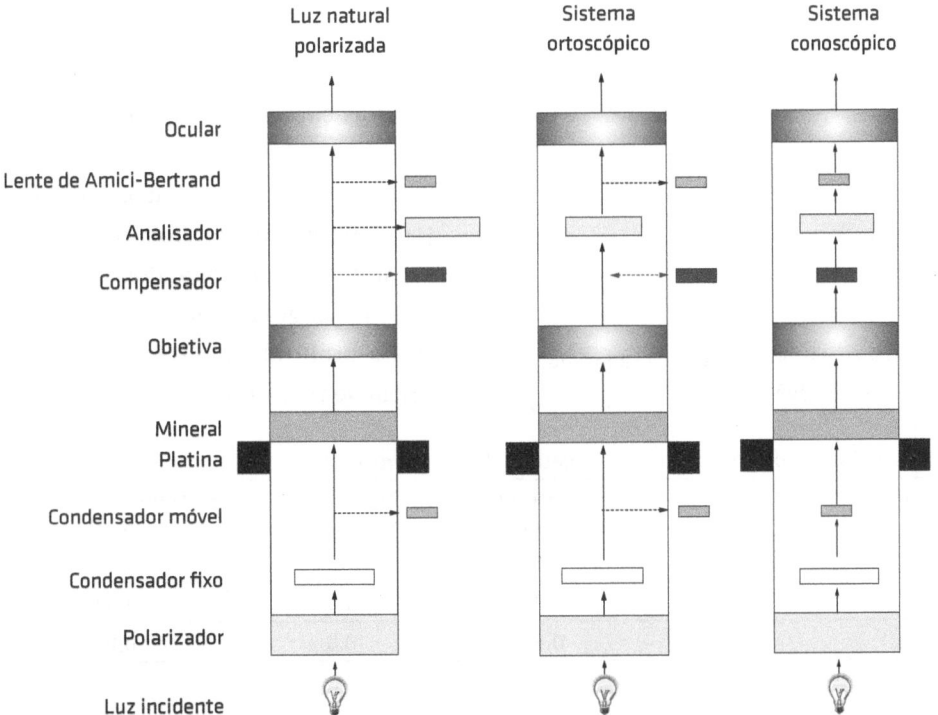

FIG. 2.6 Representação esquemática dos sistemas ópticos possíveis em um microscópio petrográfico
Fonte: modificado de Fujimori e Ferreira (1979).

2.4 OBJETIVAS

A objetiva é uma lente ou uma associação de lentes que fornece uma imagem real aumentada do objeto observado. Acha-se localizada no tubo ou canhão, como esquematizado na Fig. 2.6. Para facilidade de mudança de uma objetiva para outra, a maioria dos microscópios é dotada de um dispositivo denominado revólver ou porta-objetivas.

As principais características de uma objetiva vêm impressas em seu corpo metálico e são (Fig. 2.7):

- *Aumento linear (AL)* – é a relação entre a imagem real fornecida pela objetiva e o objeto, ou seja, quantas vezes a imagem será maior que o objeto, como 3,2x, 10x, 40x, 50x etc.
- *Abertura angular (AA)* – é o ângulo entre os raios mais divergentes que penetram na objetiva a partir de um ponto enfocado por ela.
- *Abertura numérica (AN)* – é a quantidade de luz que efetivamente penetra na objetiva, sendo dada por:

$$AN = n\frac{\operatorname{sen} AA}{2}$$

em que n = índice de refração entre a lente coletora da objetiva e a superfície superior do mineral.

Na Tab. 2.1 e na Fig. 2.8, são apresentadas as características mais comuns de um conjunto de objetivas de um microscópio petrográfico. Observar que, quanto maior for o aumento linear de uma objetiva, maior será sua abertura angular e numérica e menor será a profundidade de foco e a distância de trabalho.

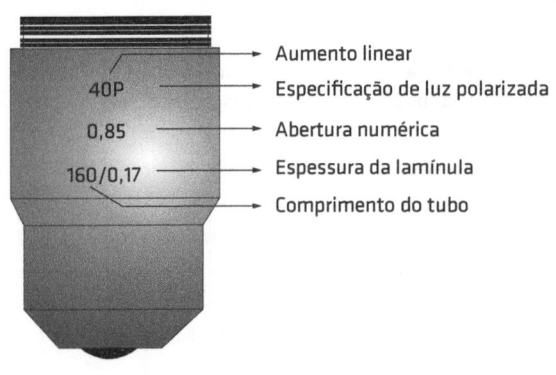

Fig. 2.7 Esquema das indicações anotadas no corpo metálico de uma objetiva

Tab. 2.1 Características de um conjunto de objetivas de um microscópio

Aumento linear (AL)	Abertura angular (AA)	Abertura numérica (AN)	Distância de trabalho (dt) (mm)	Profundidade de foco (mm)
3,2x	14°	0,12	34,5	0,5
10x	29°	0,25	5,8	0,04
45x	116°	0,85	0,6	0,01

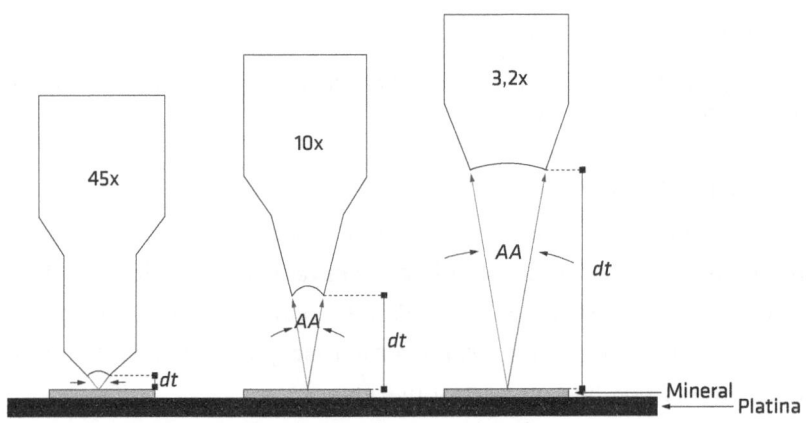

Fig. 2.8 Representação esquemática das propriedades de uma objetiva, em que *AA* = abertura angular e *dt* = distância de trabalho ou frontal, para as objetivas de aumentos lineares de 45, 10 e 3,2 vezes

Distância de trabalho ou frontal (*dt*) é a distância entre a face inferior da objetiva e a face superior do objeto já focalizado. Quanto maior for o aumento linear da objetiva, menor será a distância de trabalho.

Já profundidade de foco é a maior distância vertical entre dois pontos que podem ser focalizados simultaneamente pela objetiva e é inversamente proporcional à abertura numérica.

2.5 OBJETIVAS SECAS E DE IMERSÃO

As *objetivas secas* são aquelas em que, entre a face inferior da objetiva e o topo do mineral disposto em uma lâmina de vidro, o ar é o meio de imersão. Nas *objetivas de imersão*, esse espaço é preenchido por um líquido viscoso, com índice de refração conhecido, que tem como objetivo aumentar a abertura numérica da objetiva e consequentemente sua nitidez, conforme pode ser confirmado pela equação anteriormente apresentada. Objetivas de imersão são usadas em casos muito especiais, onde há necessidade de grande aumento linear.

2.6 OCULARES

As oculares são associações de lentes que permitem conservar a imagem real do objeto fornecido pela objetiva (Fig. 2.6).

As lentes da ocular acham-se fixas em um tubo metálico, e aquela mais próxima do olho do observador recebe o nome de lente de olho, enquanto a que recebe o raio de luz proveniente da objetiva é chamada de coletora. Além disso, podem ser positivas ou negativas. Nas positivas, o foco do sistema está antes da lente coletora, e, nas negativas, o foco se acha depois dessa lente, conforme pode ser observado nos esquemas da Fig. 2.9.

De maneira geral, pode-se reconhecer as oculares entre si, pois o retículo das positivas está disposto antes da lente coletora, ao passo que nas negativas ele se localiza entre as lentes de olho e coletora. Ainda, as oculares positivas têm o comportamento de uma lupa de mão, ou seja, é possível focalizar um objeto através delas, o que não é possível com o emprego de oculares negativas.

Em ambas as oculares, existe um diafragma fixo colocado precisamente no plano que contém a imagem real

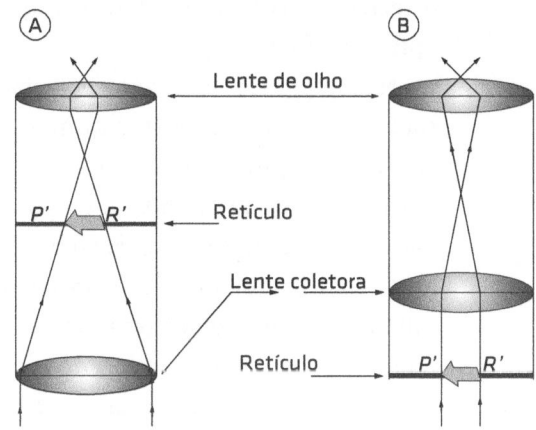

FIG. 2.9 Tipos de oculares empregadas em Mineralogia Óptica: (A) negativa e (B) positiva

do objeto em análise pela objetiva. Sua função é limitar o campo de visão. Esse diafragma possui gravado em sua superfície (Fig. 2.10): o retículo, que pode ser de duas linhas, uma N-S e outra E-W; uma escala micrométrica; ou uma escala quadriculada.

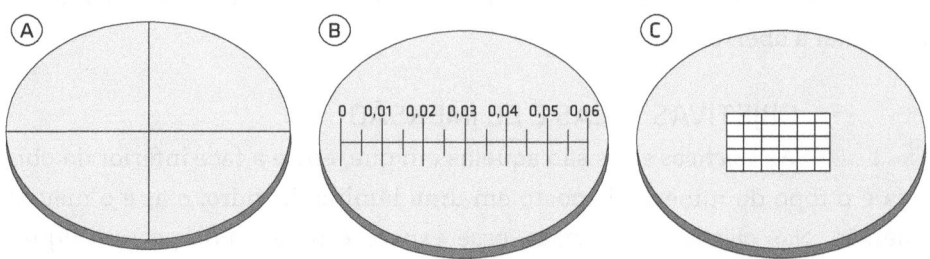

Fig. 2.10 Esquemas demonstrando orientações distintas de oculares: (A) reticulada, (B) micrométrica e (C) gradeada

2.7 O AUMENTO VISUAL TOTAL DO MICROSCÓPIO

O conjunto constituído por objetiva e ocular é responsável pela obtenção da imagem ampliada do mineral. Se o aumento linear da ocular é ALO, e o da objetiva, ALB, o aumento visual total do microscópio (AT) será dado por:

$$AT = ALO \times ALB$$

2.8 POLARIZADOR E ANALISADOR

O microscópio petrográfico é composto de dois polarizadores, ou nicóis, designados como polarizador inferior (ou simplesmente polarizador) e superior (denominado analisador). Nicol é um termo clássico em Mineralogia Óptica que remete à época em que a polarização da luz era obtida por meio de prismas de calcita cortados e colados segundo direções específicas. Com isso, o termo *nicóis cruzados* significa que o analisador está inserido no caminho óptico do microscópio.

Nos microscópios, esses polarizadores são constituídos de placas de polaroides, que são compostos químicos orgânicos que, quando construídos, são estirados segundo uma certa direção. Assim, ao incidir no polarizador, a luz natural não polarizada terá todas as suas direções de vibração, com exceção daquela paralela à sua direção de vibração, absorvidas por ele.

O polarizador inferior está localizado acima da fonte de luz e abaixo do mineral a ser estudado. Sua função é fornecer luz polarizada, que, com o movimento de rotação da platina do microscópio, pode incidir em diferentes direções na superfície do mineral (Fig. 2.6). Por sua vez, o analisador está disposto acima do mineral e abaixo da ocular, estando orientado de forma que sua direção de polarização seja perpendicular à do polarizador inferior.

Para as determinações das propriedades ópticas de um mineral, é necessário que as direções de vibração dos polarizadores sejam paralelas às direções dos retículos da ocular, como mostra a Fig. 2.11.

Assim, toda vez que uma substância isotrópica for colocada entre dois polarizadores cruzados, não haverá passagem de luz para o observador. Isso é facilmente observado ao microscópio petrográfico, quando se cruzam os nicóis sem haver nenhum mineral na platina. Como o ar é uma substância isotrópica, a luz proveniente do polarizador chega direto ao analisador, sem sofrer desvio. Como sua direção de polarização é perpendicular à do analisador, a luz será totalmente absorvida por ele, sem haver nenhuma transmissão dela.

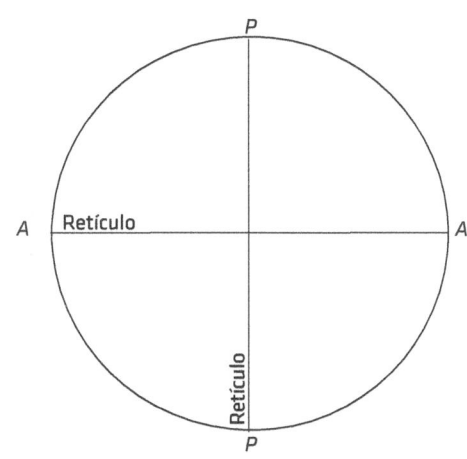

Fig. 2.11 Representação do paralelismo dos retículos da ocular com as direções de vibração do polarizador (*P-P*) e do analisador (*A-A*). As direções de vibração não necessariamente serão sempre coincidentes como as representadas na figura

Entretanto, quando uma substância anisotrópica for disposta na platina do microscópio, a luz sofrerá o chamado *fenômeno da dupla refração*. Para ilustrar a descrição, tome-se como exemplo a Fig. 2.12. O raio de luz que parte do polarizador vibrando em uma única direção, N-S (poderia ser E-W), ao atingir a superfície do mineral, é desmembrado em dois outros raios, designados como *r*1 e *r*2.

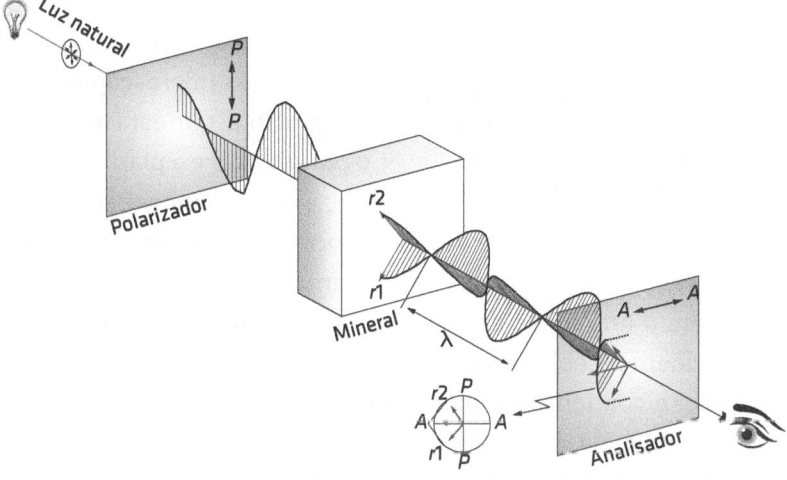

Fig. 2.12 A função do analisador no sistema óptico de um microscópio, em que *P-P* = direção de vibração do polarizador, *A-A* = direção de vibração do analisador e *r*1 e *r*2 = os dois raios que surgem devido ao fenômeno da dupla refração. A obtenção do raio resultante da soma vetorial dos raios *r*1 e *r*2 segundo a direção do analisador e a consequente transmissão da luz através desse analisador
Fonte: adaptado de Nesse (2004).

Como esses dois raios de luz vibram em planos perpendiculares entre si (são ortogonais), são chamados de incongruentes, ou seja, não se interferem para gerar um único raio de luz. Porém, ao atingir o analisador, eles passam a vibrar em um único plano e, então, interferem-se mutuamente, gerando uma onda resultante paralela à direção de vibração do analisador, que agora transmite luz ao observador.

2.9 PLATINA

A platina do microscópio petrográfico é uma placa metálica que sustenta o preparado em análise (Fig. 2.6). Ela tem um movimento de rotação, é graduada e, associada aos retículos da ocular, permite efetuar medidas de ângulos entre as direções morfológicas e ópticas dos minerais em estudo (Fig. 2.13).

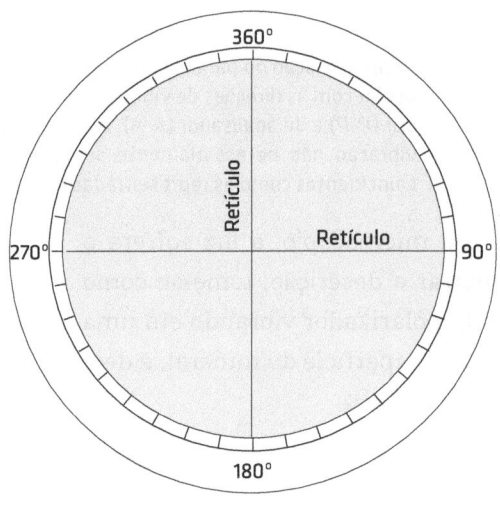

FIG. 2.13 Esquema da associação entre a platina graduada e os retículos da ocular, sendo essas graduações utilizadas como linhas de referência na medida de ângulos entre unidades lineares

2.10 LENTE DE AMICI-BERTRAND

É empregada apenas no sistema conoscópico e tem como finalidade trazer a figura de interferência para o plano focal da ocular (Fig. 2.6). Acha-se localizada entre a ocular e o analisador e pode ser introduzida ou retirada do sistema óptico.

2.11 CONDENSADORES

Existem dois condensadores nos microscópios petrográficos, um fixo, que está localizado entre o polarizador e a platina do microscópio, e o outro móvel, que se encontra sobre o condensador fixo e imediatamente sob a platina (Fig. 2.6). Os condensadores têm a finalidade de promover uma maior convergência dos raios de luz que incidem no objeto em análise.

Além disso, o condensador móvel possui como função especial promover uma alta convergência dos raios de luz em praticamente um ponto sobre o objeto em análise, de tal forma que os raios de luz que partem do objeto para a objetiva sejam divergentes. O condensador móvel só deve ser usado quando forem utilizadas as objetivas de médio a grande aumento linear e é peça fundamental no sistema conoscópico.

2.12 DIAFRAGMA-ÍRIS

Trata-se de um dispositivo que limita a quantidade de luz que penetra no microscópio e se localiza geralmente sobre o condensador fixo. A diminuição do feixe de luz permite realçar as feições morfológicas dos minerais, como suas bordas, traços de fratura, rugosidade das superfícies e presença de inclusões.

2.13 FILTROS

Os filtros, geralmente, são placas de vidro coloridas e têm como finalidade absorver certas radiações indesejáveis da luz utilizada. Como consequência, a utilização apropriada de um filtro permite aumentar o contraste de imagens e melhorar a resolução.

O filtro mais empregado no microscópio petrográfico é o azul, que torna a luz amarelada da lâmpada de tungstênio bem próxima da luz branca natural.

3 As indicatrizes dos minerais

3.1 MINERAIS ISOTRÓPICOS E ANISOTRÓPICOS UNIAXIAIS

3.1.1 DEFINIÇÃO

Indicatriz é uma figura geométrica tridimensional que mostra os valores dos índices de refração (*n*) nas diferentes direções no interior de um mineral. Assim, cada raio vetor da indicatriz representa uma direção de vibração, cujo comprimento é proporcional ao índice de refração do mineral para as ondas de luz que vibram paralelamente àquela direção.

As indicatrizes dos minerais são muito parecidas entre si, mas constituem grandezas inversamente proporcionais. Enquanto a superfície de velocidade de onda representa o valor da velocidade da luz, a indicatriz representa o seu índice de refração.

Essas indicatrizes são figuras abstratas, ou seja, não podem ser observadas ao microscópio. No entanto, essa abstração permite localizar e determinar os índices de refração associados às diferentes faces ou seções de um mineral.

3.1.2 MINERAIS ISOTRÓPICOS

Em um mineral isotrópico, o índice de refração é constante independentemente da direção considerada, isto é, o raio de luz se propaga com a mesma velocidade em todas as direções. Assim, as indicatrizes desses minerais correspondem a esferas cujos raios vetores são proporcionais aos seus índices de refração, conforme mostra a Fig. 3.1. Dada a homogeneidade desses minerais, somente aqueles que se cristalizam em um sistema de maior simetria serão isotrópicos, ou seja, aqueles do sistema isométrico ou cúbico. No outro extremo, substâncias que não possuem nenhum arranjo cristalino também serão isotrópicas.

A propagação de um raio de luz que atravessa um mineral isotrópico é bastante simples de avaliar, pois ele não promove o fenômeno da dupla refração e, assim, o raio de luz que parte do polarizador atravessa o mineral sem mudar sua direção de vibração. Mesmo que o raio incidente não seja polarizado, ao atravessar o mineral ele continuará da mesma forma, como ilustra a Fig. 3.2.

É importante observar que a superfície onde incide o raio de luz secciona a indicatriz passando por seu centro geométrico. Como a incidência desse raio se faz com um ângulo de incidência igual a zero em relação à normal à superfície do mineral, ele irá atravessá-lo sem sofrer nenhum desvio ou polarização.

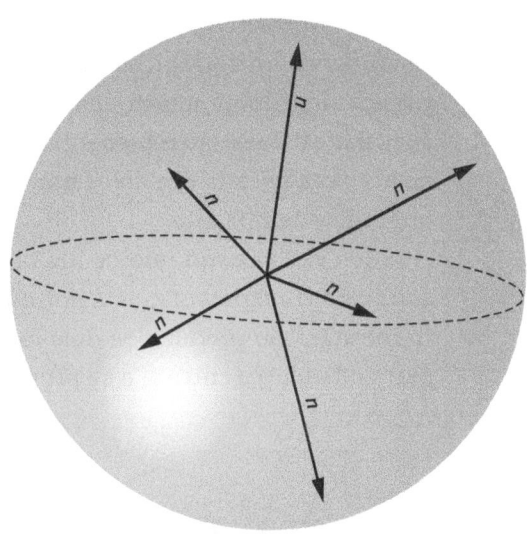

Fig. 3.1 Representação de uma indicatriz isotrópica, que corresponde a uma esfera cujo raio é proporcional ao índice de refração do mineral (n)

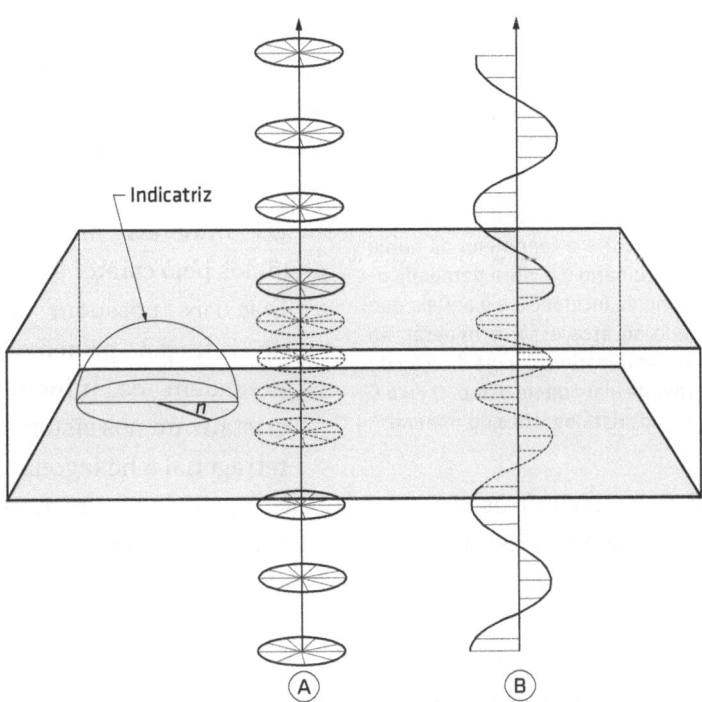

Fig. 3.2 Incidência normal ou perpendicular à superfície de um mineral isotrópico de raios de luz não polarizado (A) e polarizado (B). Observar que a face onde ocorre a incidência secciona o centro da indicatriz, resultando em um círculo cujo raio é proporcional ao índice de refração do mineral (n). Para ambos os raios, não há mudança nem na trajetória, nem na direção de polarização da luz

Fonte: adaptado de Bloss (1970).

3.1.3 MINERAIS ANISOTRÓPICOS

Os minerais anisotrópicos são aqueles que apresentam mais de um índice de refração nas diferentes direções de propagação da luz no seu interior, e, assim, suas indicatrizes são representadas por elipsoides de revolução de dois ou três eixos, em que cada um deles (também chamados de raios vetores) representa um índice de refração.

Toda vez que um raio de luz incide sobre a superfície de um mineral anisotrópico transparente, este sofre o fenômeno da dupla refração, ou seja, ao se refratar, são produzidos dois raios de luz distintos, que vibram em planos perpendiculares entre si e se propagam no interior do mineral (Fig. 3.3).

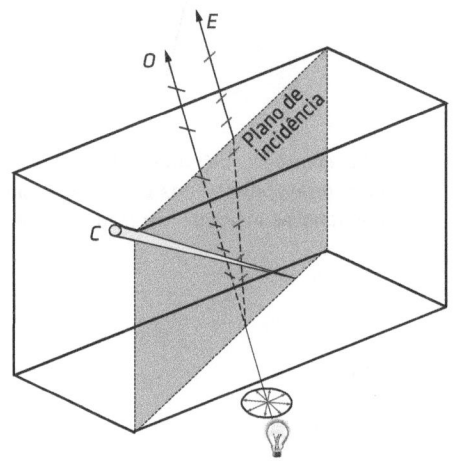

Via de regra, os raios refratados produzidos por esse fenômeno são chamados de ordinário (O) e extraordinário (E), sendo que o ordinário segue a lei de Snell para a refração (no caso, $r = 0$), enquanto o extraordinário não (uma vez que $r \neq 0$). A direção de polarização (ou vibração) do raio extraordinário está contida no plano de incidência (que também contém o eixo cristalográfico C do mineral), ao passo que a do ordinário é perpendicular a ele (Fig. 3.3).

Fig. 3.3 Raio de luz não polarizado que incide num cristal de calcita e sofre o fenômeno da dupla refração. O raio ordinário (O) vibra perpendicularmente ao plano de incidência e é aquele que não sofre desvio ao atravessar o mineral, ao contrário do extraordinário (E), cuja direção de vibração é perpendicular àquele plano. O eixo C refere-se à direção cristalográfica do mineral

Os minerais anisotrópicos são divididos pelo caráter e denominados:

▶ Uniaxiais: possuem dois índices de refração principais e compreendem os minerais que se cristalizam nos sistemas trigonal, tetragonal e hexagonal.

▶ Biaxiais: possuem três índices de refração principais e compreendem os minerais que se cristalizam nos sistemas ortorrômbico, monoclínico e triclínico.

i A indicatriz uniaxial

A indicatriz de uma substância anisotrópica uniaxial é um elipsoide de revolução com dois eixos principais, denominados E e O, cujos comprimentos são proporcionais, respectivamente, aos índices de refração dos raios extraordinário ($n\varepsilon$) e ordinário ($n\omega$), que são também chamados de direções de vibração ou privilegiadas do mineral.

Na Fig. 3.4, acha-se representada uma indicatriz uniaxial (tridimensional e segundo uma seção principal) em que o comprimento do raio vetor E é maior do que o de O, ou seja, $n\varepsilon > n\omega$.

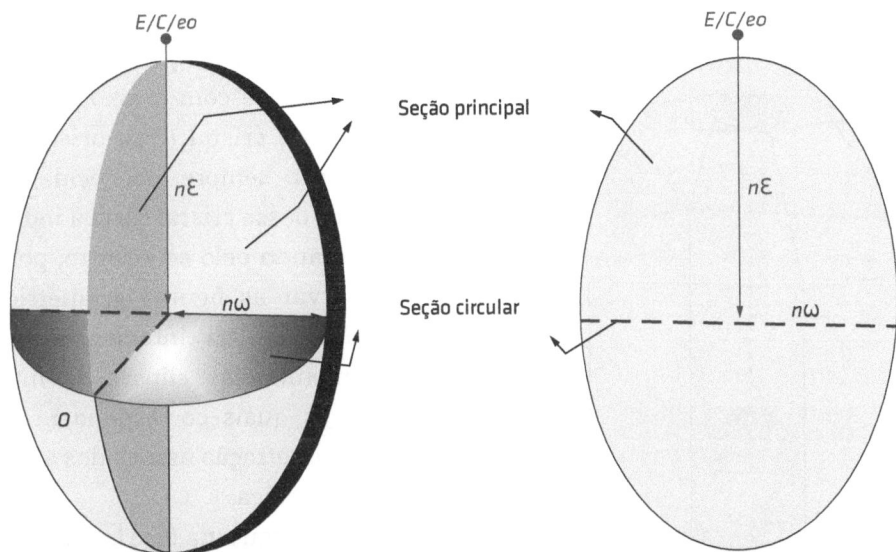

Fig. 3.4 Representações espaciais e segundo uma seção principal de uma indicatriz uniaxial em que $n\varepsilon > n\omega$

Todas as seções que passam pelo centro geométrico da indicatriz e que contêm as direções E e O são chamadas de seções principais e correspondem a elipses. Ao contrário, a seção perpendicular à direção E, ou paralela a O, corresponde a um círculo cujo raio é igual a $n\omega$ e, portanto, é denominada seção circular.

Pode-se então verificar que todo raio que incide na indicatriz passando pelo seu centro e na direção de E atravessa o mineral sem sofrer desvio ou mudança nas direções de propagação e/ou de vibração. Isso ocorre porque o raio está incidindo na indicatriz perpendicularmente à seção circular, onde há infinitas direções de vibração e todas elas proporcionais a $n\omega$.

Portanto, segundo essa direção (E), o raio de luz se comporta como se estivesse atravessando um meio isotrópico, pois, se incidir polarizado ou não, permanecerá dessa mesma forma ao atravessar o mineral. A essa direção, em que o mineral se comporta como uma substância isotrópica e não está sujeito ao fenômeno da dupla refração, dá-se o nome de eixo óptico (eo).

Os minerais que se cristalizam nos sistemas trigonal, tetragonal e hexagonal apresentam forte simetria ao redor do eixo cristalográfico C (Fig. 3.4), havendo uma distribuição uniforme de ligações químicas em todas as direções contidas nos planos (001) ou (0001), que corresponderiam então a seções circulares nas indicatrizes uniaxiais. Como o eixo óptico é sempre perpendicular a uma seção circular, nos minerais uniaxiais a direção desse eixo será sempre coincidente com o eixo cristalográfico C.

ii Relações morfológicas dos cristais com as indicatrizes

Na Fig. 3.5 está representado um cristal uniaxial caracterizado por diversas faces, estando a indicatriz desse cristal disposta no centro geométrico dele. Observar que ela foi orientada de forma que o eixo óptico (*eo*) coincidisse com o eixo cristalográfico *C* do cristal (essa orientação deverá ser sempre obedecida). Se cada face desse cristal corta a indicatriz passando pelo seu centro, pode-se observar as figuras geométricas resultantes dessa intersecção, que são denominadas elipses de intersecção, as quais correspondem aos índices de refração associados a cada seção específica.

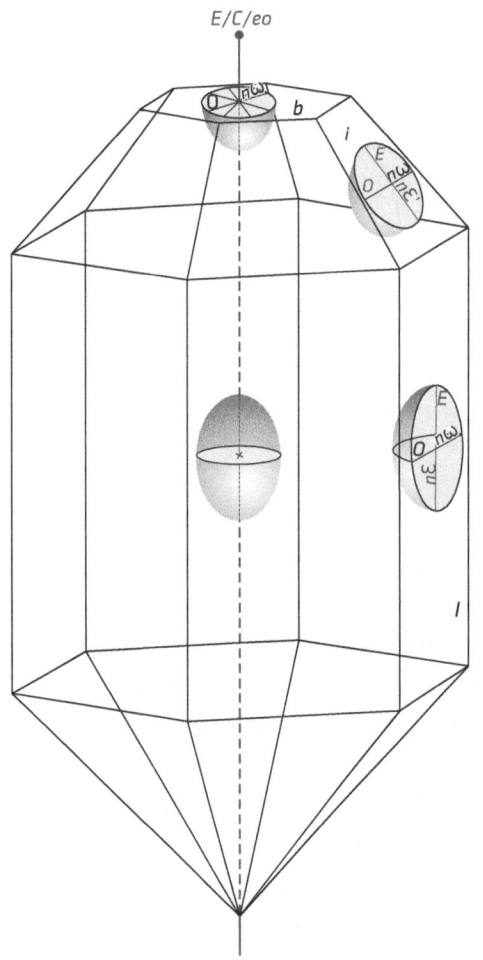

FIG. 3.5 Índices de refração das faces *l*, *i* e *b* resultantes das elipses de intersecção de cada uma delas com a indicatriz uniaxial associada
Fonte: adaptado de Bloss (1970).

Observar que, na face *l*, a elipse de intersecção resultante é uma elipse com o índice de refração maior proporcional a *nε*, e o menor, a *nω*, ou seja, uma seção principal da indicatriz. Assim, os índices de refração associados à face *l* são *nε* e *nω*.

Já para a face *b*, a elipse de intersecção resultante é um círculo (seção circular) cujo raio é proporcional a *nω*, ou seja, possui apenas um único índice de refração associado (*nω*), tendo, portanto, comportamento de uma substância isotrópica, pois a seção é paralela à seção circular da indicatriz (ou perpendicular ao eixo óptico).

Por fim, a face *i* corta a indicatriz de forma a conter *nω* e *nε'*. Isso porque toda seção que corta a indicatriz fica "obrigada" a passar pelo seu centro e, assim, sempre conterá a seção circular ou *nω*. Entretanto, a face *i* não é uma seção principal da indicatriz, ou seja, não contém o eixo óptico. Desse modo, essa face corta a indicatriz de forma a conter um índice de refração para o raio extraordinário um pouco diferente de *nε* e, portanto, chamado de *nε'*.

iii A incidência e a propagação da luz em minerais uniaxiais

Para entender melhor a interação da luz em uma indicatriz uniaxial, será visto o que ocorre com um raio de luz que incide perpendicularmente à superfície nas situações a seguir.

Primeiro caso: incidência na direção do eixo óptico
Observando a Fig. 3.6, vê-se que a face inferior do mineral secciona a indicatriz paralelamente à seção circular ou perpendicularmente ao eixo óptico e que os raios de luz incidentes são todos perpendiculares à face do mineral. Independentemente de o raio de luz ser ou não polarizado, ele atravessará o mineral sem sofrer desvio ou alteração tanto em suas trajetórias quanto nas direções de polarização.

Segundo caso: incidência paralela ao eixo óptico ou segundo uma seção principal
Um raio de luz não polarizado que incide normalmente na superfície de um cristal paralelamente a uma seção principal (aquela que contém o eixo óptico), conforme o esquema 1 da Fig. 3.7, sofrerá o fenômeno da dupla refração, com o surgimento de dois raios de luz, o ordinário (*O*) e o extraordinário (*E*), que vibram em planos ortogonais entre si. Por outro lado, se um raio de luz polarizado incidir normalmente na superfície de um cristal vibrando paralelamente ao eixo óptico, conforme o esquema 2 da Fig. 3.7, ele atravessará o cristal sem sofrer desvio, pois sua direção de polarização é paralela a uma direção preferencial da indicatriz.

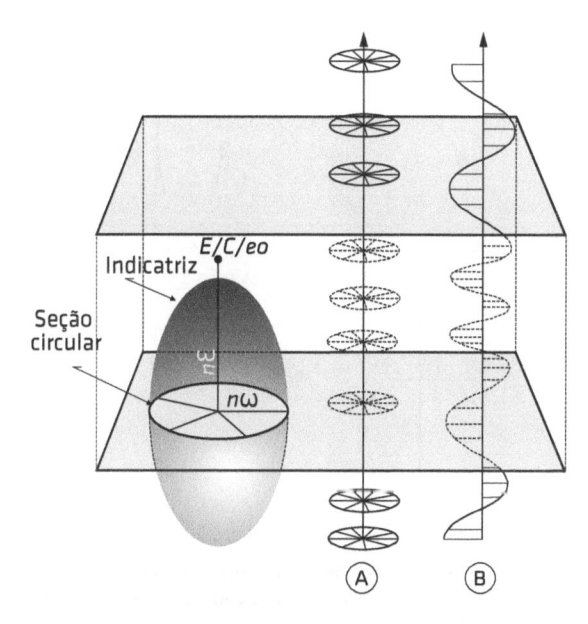

Fig. 3.6 Incidência normal de raios de luz polarizados (A) ou não (B) na face inferior de um mineral anisotrópico uniaxial com $n\varepsilon > n\omega$, segundo a direção do eixo óptico
Fonte: adaptado de Bloss (1970).

Terceiro caso: incidência paralela à direção O ou perpendicular ao eixo óptico
Um raio de luz polarizado perpendicular ao eixo óptico ou paralelo à direção de *O* e incidindo normalmente na superfície de um cristal anisotrópico uniaxial, conforme o esquema 3 da Fig. 3.7, atravessará o cristal sem sofrer dupla refração pelo mesmo motivo explicado para o segundo caso, ou seja, sua direção de polarização é paralela a uma direção privilegiada da indicatriz.

Quando a luz não é polarizada, o mecanismo de refração é o mesmo descrito no segundo caso.

Quarto caso: incidência não paralela a nenhuma direção privilegiada
Se um raio de luz polarizado segundo uma direção qualquer e não coincidente com nenhuma das direções privilegiadas da indicatriz incidir perpendicularmente à superfície do cristal, conforme o esquema 4 da Fig. 3.7, ele sofrerá o fenômeno da dupla refração, surgindo dois raios de luz com índices de refração e direções de vibração proporcionais a *E* e a *O*.

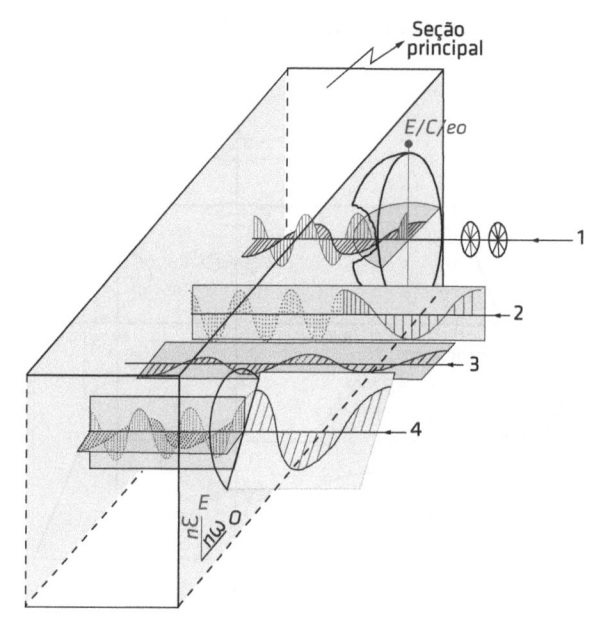

FIG. 3.7 Raios de luz incidindo normalmente à superfície de um mineral uniaxial, segundo diferentes direções, para os casos com: raio de luz não polarizado (1) e polarizado (2) incidindo paralelamente ao eixo óptico ou segundo uma seção principal; raio de luz polarizado incidindo paralelamente à direção *O* ou perpendicularmente ao eixo óptico (3); e raio de luz polarizado incidindo segundo uma direção qualquer, porém não paralela a *E* ou a *O* (4)

iv Índices de refração associados a um raio qualquer

Quando a incidência dos raios de luz em uma indicatriz não se faz segundo uma de suas direções privilegiadas (conforme foi visto no quarto caso do item anterior), o que ocorre quando se trabalha com luz convergente (conoscopia), torna-se importante determinar quais são os índices de refração associados àqueles raios.

Considerando o caso da Fig. 3.8A, observar que o raio de luz incide na indicatriz passando pelo seu centro, segundo a direção r-$r1$, e fazendo um ângulo θ com o eixo óptico (*eo*), que coincide com o eixo cristalográfico (*C*).

Os índices de refração que estarão associados a esse raio serão aqueles perpendiculares à sua direção de propagação. Assim, ao traçar um plano perpendicular à direção do raio r-$r1$, observa-se que a figura de intersecção obtida contém os índices de refração $nε'$ e $nω$ (Fig. 3.8B).

Desse modo, o raio r-$r1$ que atinge a indicatriz segundo um ângulo θ em relação ao eixo óptico sofrerá o fenômeno da dupla refração, surgindo dois raios de luz, um extraordinário, que vibra paralelamente à direção *E'* e tem índice de refração igual a $nε'$, e o outro ordinário, que vibra segundo a direção *O* e possui índice de refração igual a $nω$.

Na Fig. 3.8B, para facilitar a representação gráfica, está assinalado apenas o raio normal aos raios extraordinário e ordinário, pois o que de fato interessa são as suas direções de vibração, e não as suas trajetórias individuais, representadas no plano de uma seção principal na Fig. 3.8C.

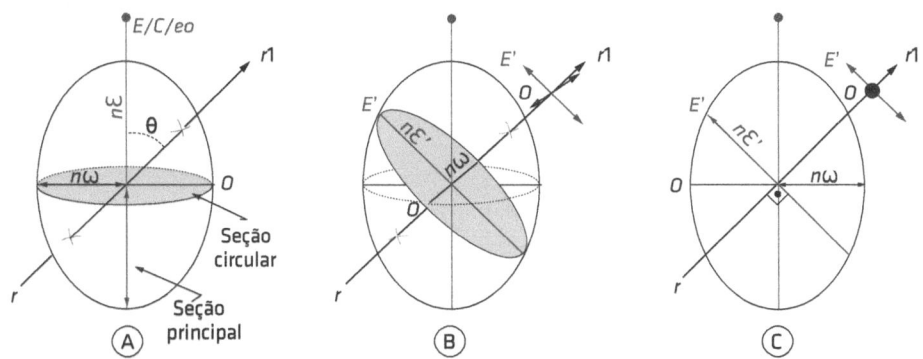

FIG. 3.8 Índices de refração associados a um raio *r-r*1 que incide em uma indicatriz formando um ângulo θ com a direção *E*. Observar, em (A), que o raio passa pelo centro da indicatriz e atravessa a seção circular. Como os índices de refração associados a um raio são aqueles perpendiculares à sua direção de propagação, em (B) foi traçado um plano perpendicular a *r-r*1 que produz uma elipse de intersecção com eixo maior na direção de *E'* e com eixo menor a *O*, correspondendo, respectivamente, aos índices de refração *n*ε' e *n*ω, ambos perpendiculares entre si e ao raio incidente (*r-r*1). Em (C), estão projetados na seção principal os elementos representados em (B)

Pode-se também determinar *n*ε' numericamente por meio da expressão:

$$n\varepsilon' = \frac{n\omega}{[1+(\frac{n\omega^2}{n\varepsilon^2}-1)\text{sen}^2\theta]^{\frac{1}{2}}}$$

v   Sinal óptico dos minerais uniaxiais

Sinal óptico de um mineral é a relação entre seus índices de refração principais. Para os minerais uniaxiais, o sinal óptico é a relação entre os índices de refração dos raios extraordinário e ordinário. Assim, quando o índice de refração do raio extraordinário (*n*ε) for maior que o do ordinário (*n*ω), diz-se que o mineral tem sinal óptico positivo. Nessa situação, a indicatriz será uma elipse de revolução alongada segundo a direção do eixo óptico – prolato (Fig. 3.9A).

No caso contrário, quando o índice de refração do raio ordinário for maior que o do extraordinário, o mineral terá sinal óptico negativo e sua indicatriz será achatada segundo a direção do eixo óptico (terá a forma de um pão de hambúrguer) – oblato (Fig. 3.9B).

A seguir, dois exemplos de minerais uniaxiais segundo Deer, Howie; Zussman (1966):

▶ Zircão: sistema cristalino tetragonal, *n*ε = 1,967, *n*ω = 1,920, uniaxial positivo (Fig. 3.10).

▶ Berilo: sistema cristalino hexagonal, $n\varepsilon = 1{,}557$, $n\omega = 1{,}560$, uniaxial negativo (Fig. 3.11).

Fig. 3.9 Representações de indicatrizes uniaxiais de sinais ópticos (A) positivo (+) e (B) negativo (–) projetadas em uma das seções principais do elipsoide. Não há relação entre o comprimento do eixo cristalográfico C com aquele assumido por $n\varepsilon$ na indicatriz, ou seja, os minerais uniaxiais positivos não terão eixos cristalográficos C maiores do que aqueles dos negativos

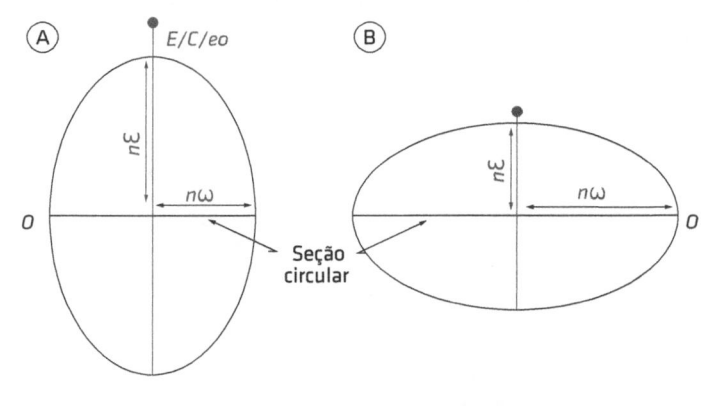

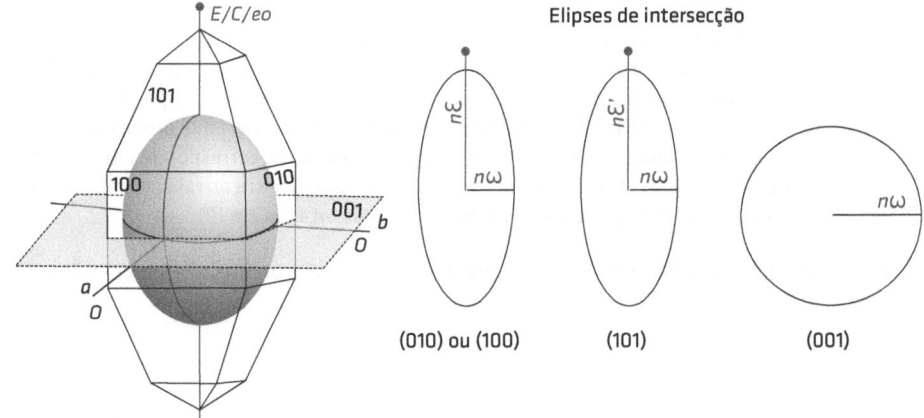

Fig. 3.10 Cristal de zircão exibindo a indicatriz uniaxial positiva em seu interior e as elipses de intersecção para cada face discriminada

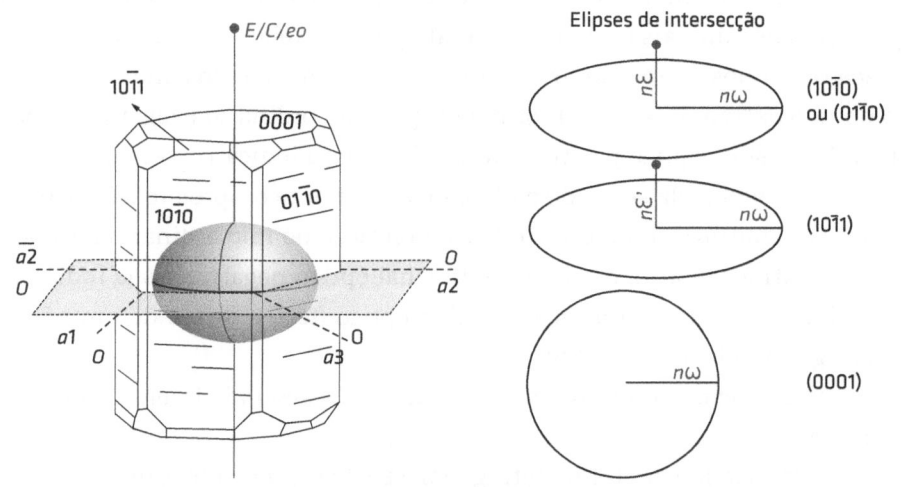

Fig. 3.11 Cristal de berilo exibindo a indicatriz uniaxial negativa em seu interior e as elipses de intersecção para cada face discriminada

3.2 MINERAIS ANISOTRÓPICOS BIAXIAIS

Ao iniciar o estudo sobre as indicatrizes dos minerais, foram inicialmente abordadas aquelas isotrópicas por serem as mais simples de todas, apresentando apenas um único índice de refração. Do ponto de vista cristalográfico, os minerais isotrópicos exibem maior grau de simetria, pois pertencem ao sistema isométrico, em que apenas um único parâmetro de cela é necessário para sua descrição.

Por outro lado, as indicatrizes anisotrópicas, conforme já visto, são caracterizadas por mais de um índice de refração. Aquelas uniaxiais apresentam dois deles ($n\varepsilon$ e $n\omega$) e, consequentemente, suas indicatrizes são representadas por elipsoides de revolução de dois eixos (E e O). São uniaxiais os minerais que se cristalizam nos sistemas trigonal, tetragonal e hexagonal. Esses três sistemas são caracterizados por uma forte simetria ao redor do eixo cristalográfico C (é a direção que tem um eixo de maior ordem do sistema cristalino), sendo necessários dois parâmetros de cela para sua descrição, um na direção de C e outro perpendicular a ele ($a = b \neq c$), daí seus dois índices de refração.

Já as indicatrizes anisotrópicas biaxiais são representadas por elipsoides de revolução com três eixos principais, em que cada um deles corresponde a um índice de refração ($n\alpha$, $n\beta$ e $n\gamma$). De fato, os sistemas cristalinos ortorrômbico, monoclínico e triclínico apresentam um grau de simetria ainda menor do que aqueles uniaxiais, sendo necessários três parâmetros de cela para caracterizá-los ($a \neq b \neq c$).

Os três eixos principais do elipsoide biaxial são denominados X, Y e Z, cujos comprimentos são proporcionais, respectivamente, aos índices de refração dos raios $n\alpha$, $n\beta$ e $n\gamma$, também chamados de direções de vibração ou privilegiadas do mineral. Na Fig. 3.12, acha-se representada uma indicatriz biaxial (tridimensional e segundo uma seção principal), em que $n\alpha < n\beta < n\gamma$. Cabe ressaltar que essa relação será sempre verificada nos minerais biaxiais, ao contrário daqueles uniaxiais, em que $n\varepsilon$ pode ser maior ou menor que $n\omega$.

Ainda, uma indicatriz biaxial apresenta três seções principais: XY, XZ, ZY, todas elas correspondendo a elipses (Fig. 3.13). Na seção XY, estão presentes os índices $n\alpha$ e $n\beta$; na XZ, $n\alpha$ e $n\gamma$; e na ZY, $n\gamma$ e $n\beta$.

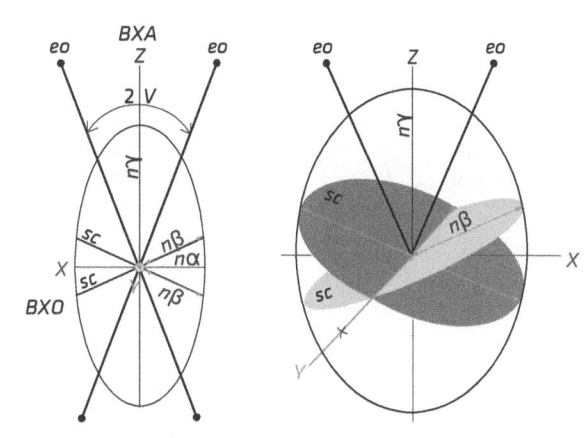

FIG. 3.12 Indicatriz biaxial mostrando as relações entre as direções X, Y e Z da elipse e os índices de refração $n\alpha$, $n\beta$ e $n\gamma$, respectivamente, sendo SC = seção circular perpendicular ao eixo óptico e eo = eixo óptico. Duas seções circulares de raio proporcional a $n\beta$ e, portanto, com direção de Y estão presentes

Geometricamente, pode-se também observar na seção principal da indicatriz definida por *XZ*, ou seja, a seção que contém as direções de maior (*Z*) e menor comprimento (*X*), que existem duas seções que contêm o eixo de comprimento intermediário (*Y*), que correspondem a duas seções circulares, cujos raios são iguais a *n*β, conforme esquematizado na Fig. 3.14. As seções inclinadas a *Z* (por exemplo, *Z'*) terão índices de refração progressivamente menores (o comprimento de *n*γ', associado à direção *Z'*, é menor do que o de *n*γ, que está associado a *Z*). Observar também que as seções inclinadas a *X* (por exemplo, *X'*) terão índices de refração progressivamente maiores (o comprimento de *n*α', associado à direção *X'*, é maior do que o de *n*α, que está associado a *X*). Consequentemente, haverá uma seção entre *X* e *Z* que coincidirá com a direção *Y* da indicatriz, tendo como índice de refração *n*β. Por construção, essa seção é circular (ao contrário das demais, que são elípticas), com raio equivalente a *n*β.

Por fim, como perpendicularmente a uma seção circular há sempre um eixo óptico associado, as indicatrizes biaxiais possuem dois eixos ópticos, e todos os raios que se propagam segundo essas direções estarão submetidos ao mesmo índice de refração *n*β. Observar, na Fig. 3.12, que os eixos ópticos estão contidos na seção principal *XZ*, que recebe então a designação de plano óptico, e o ângulo agudo que eles formam entre si, medido sobre esse plano, recebe a designação de ângulo 2*V*.

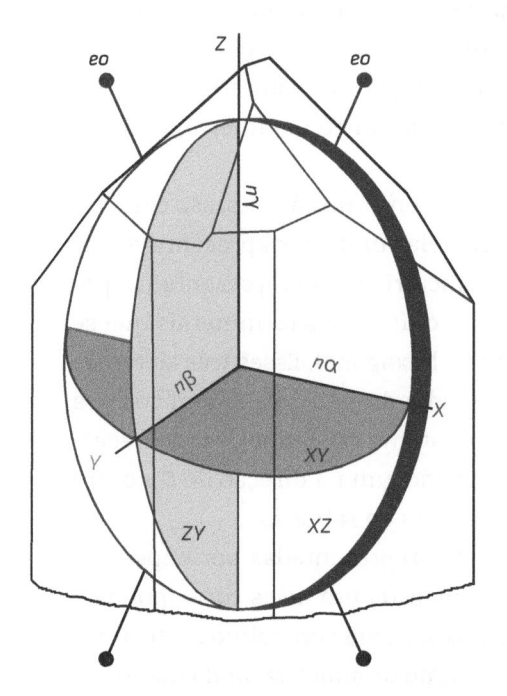

Fig. 3.13 Figura esquemática do modelo cristalográfico do mineral topázio mostrando indicatriz biaxial com três seções principais (*XY*, *XZ* e *ZY*) e os índices de refração associados a cada uma delas (versão colorida na p. 124)

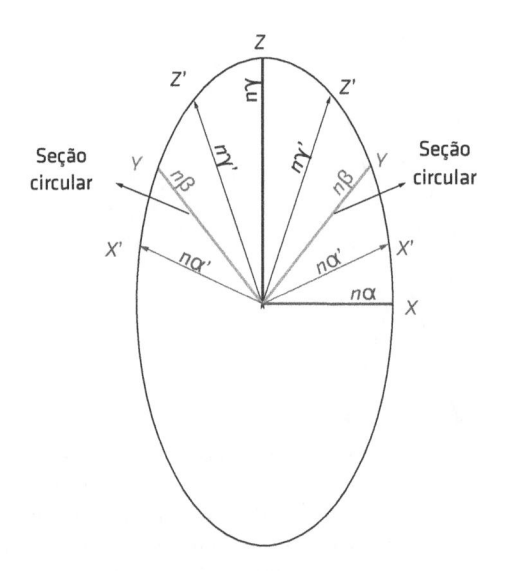

Fig. 3.14 Representação da indicatriz biaxial segundo a seção principal *XZ*

3.2.1 RELAÇÕES MORFOLÓGICAS DOS CRISTAIS COM AS INDICATRIZES

Na Fig. 3.15 está representado um cristal biaxial caracterizado por diversas faces e sua indicatriz disposta em seu centro geométrico, a exemplo do que foi feito no estudo das indicatrizes uniaxiais. Observar que as diferentes faces do cristal cortam a indicatriz resultando em elipses de intersecção distintas e, assim, índices de refração diferentes em cada face específica.

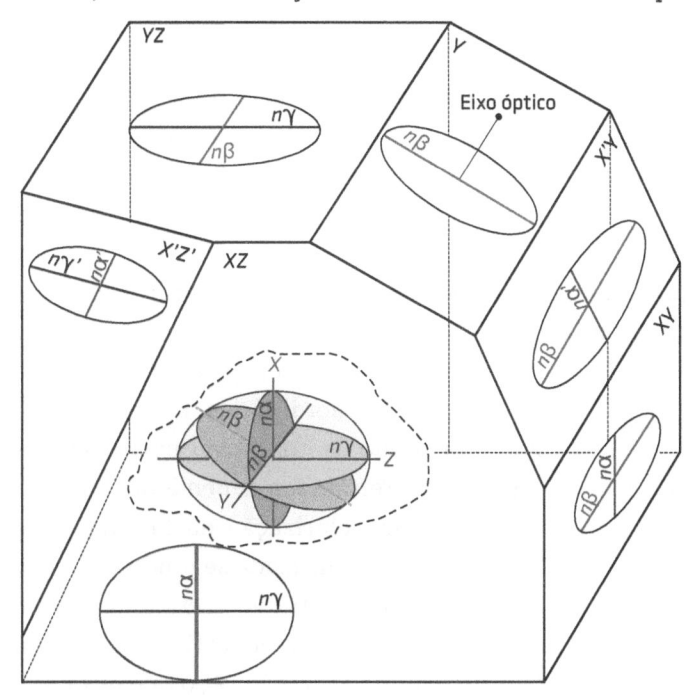

Fig. 3.15 Relações entre os índices de refração associados às diferentes faces de um cristal biaxial (versão colorida na p. 124)

Notar, por exemplo, que a face XZ (paralela à seção principal) corta a indicatriz resultando em uma elipse de intersecção com eixo maior igual a Z e menor igual a X, ou seja, os índices de refração associados a ela serão $n\alpha$ e $n\gamma$. Seguindo o mesmo raciocínio, para a face XY, os índices de refração associados seriam $n\alpha$ e $n\beta$, para YZ, $n\beta$ e $n\gamma$, e até que, em Y, apenas $n\beta$, pois ela é exatamente paralela à seção circular da indicatriz.

Na mesma figura, a face X'Y corta a indicatriz segundo Y, mas de forma inclinada em relação a X, e, consequentemente, os índices de refração associados seriam $n\alpha'$ e $n\beta$. Para a face X'Z', ver que ela secciona a indicatriz de forma inclinada em relação a X e a Z e, portanto, os índices de refração associados seriam $n\alpha'$ e $n\gamma'$.

3.2.2 ALGUNS CASOS DE INCIDÊNCIA DA LUZ EM SUPERFÍCIES CRISTALINAS BIAXIAIS

Todos os casos a serem analisados referem-se à incidência normal sobre a superfície cristalina, ou seja, $i = 0$. Sempre que um raio de luz incide em uma superfície anisotrópica, os índices de refração que estarão associados a ele serão aqueles perpendiculares à sua direção de propagação. Tendo isso em mente, serão analisados os casos a seguir.

Primeiro caso: incidência em planos gerais
Plano geral é aquele em que a face ou a seção do mineral não contém nenhum índice de refração principal da indicatriz. Corresponderia (e de fato sempre corresponderá!) à face X'Z' da Fig. 3.15.

Para a incidência normal de um raio de luz não polarizado em uma seção X'Z', conforme representado na Fig. 3.16, surgirão dois raios de luz, OR1 e OR2, que terão direções de polarização paralelas a OZ' e OX', respectivamente. Esses dois raios estarão contidos nos planos definidos por essas retas, suas direções de propagação e a normal a essas direções (OW).

As direções de propagação serão aquelas definidas por seus raios conjugados, sendo OR1 o raio conjugado de OZ' e OR2 o de OX'. Observar que, nessa situação, OR1 e OR2 têm comportamento de raios extraordinários. Por outro lado, se o raio de luz estiver polarizado, os raios refratados dependerão da direção de polarização da luz. Se a luz acha-se polarizada segundo a direção OX', o raio refratado será unicamente OR2. Porém, se ela estiver polarizada segundo a direção OZ', o raio refratado será apenas OR1. Entretanto, caso a direção de polarização da luz não coincida com nenhuma das direções "privilegiadas", a luz será decomposta na refração segundo as direções OX' e OZ', com o aparecimento de ambos os raios, OR1 e OR2.

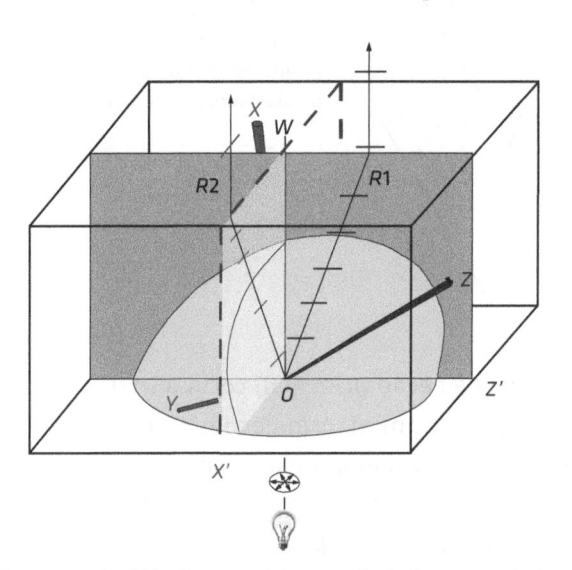

FIG. 3.16   Incidência normal de um raio de luz não polarizado em um plano geral de um mineral biaxial

Segundo caso: incidência em planos semigerais
Plano semigeral é aquele em que a face ou a seção do mineral contém um eixo principal da elipse. É o caso, por exemplo, da face X'Y da Fig. 3.15. Portanto, trata-se de um caso mais particular que o anterior, pois um semieixo da elipse de intersecção é exatamente o mesmo da indicatriz.

Na Fig. 3.17, um raio de luz não polarizado incide perpendicularmente ao plano semigeral X'Y de um mineral biaxial. Com isso, devido ao fenômeno da dupla refração, há o surgimento de dois raios de luz, OR1 e OR2. Como as direções de vibração (ou índices de refração) associadas a um raio são aquelas perpendiculares à sua direção de propagação, e seguindo o mesmo raciocínio do caso anterior, o raio OR1 terá a direção de vibração de OZ (estará contido no plano definido por OR1 – OZ e OW), e o raio OR2, a direção de vibração de OX' (estará contido no plano definido por OR2 – OX' e OW), ou seja, OR1 é o raio conjugado de OZ, enquanto OR2 é o raio conjugado de OX'. Além disso, observar que a normal à frente de onda dos raios OR1 e OR2 (OW) coincide com OR1.

Com isso, a construção apresentada na Fig. 3.17 evidencia que OR1 tem comportamento de raio ordinário (previsto pela lei de Snell, pois o ângulo entre o raio de incidência e a normal à superfície do mineral é igual a zero), ao passo que OR2 se comporta como raio extraordinário (pois não obedece à lei de Snell). Se o raio de luz que incide nessa superfície do mineral for polarizado, o efeito será o mesmo descrito no primeiro caso.

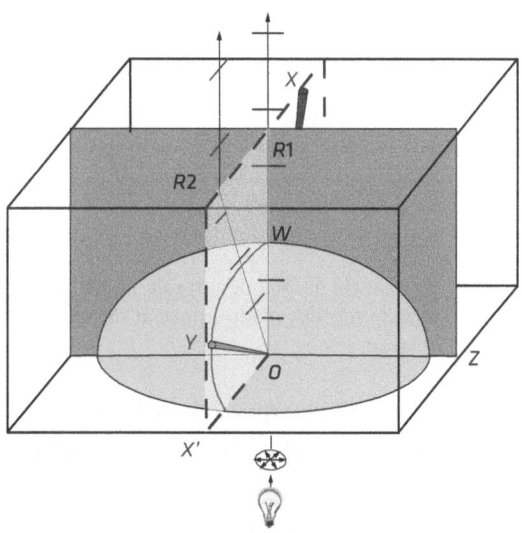

Fig. 3.17 Incidência normal de um raio de luz não polarizado em um plano semigeral de um mineral biaxial

Terceiro caso: incidência em planos principais

Trata-se de um caso ainda mais particular de incidência de luz em um cristal anisotrópico biaxial, pois a seção ou a face do mineral corta a indicatriz de forma a conter dois eixos principais da elipse (X, Y, Z), que recebe a designação de plano principal. Na Fig. 3.15, como para qualquer mineral biaxial, reconhecem-se as faces XY, YZ e XZ como planos principais da indicatriz.

Para um raio de luz não polarizado incidindo sobre o plano principal YZ, caso se empregue o mesmo raciocínio utilizado para identificar as direções de propagação e vibração dos raios resultantes do fenômeno da dupla refração promovido pelo mineral biaxial, haverá a situação representada na Fig. 3.18. Observar que os raios conjugados das direções OY e OZ são paralelos entre si e, consequentemente, OR1, OR2 e a normal à frente de onda desses dois raios (OW) também são coincidentes. Nesse caso, OR1 e OR2 têm comportamento de raios ordinários e, se a direção de polarização coincidir com OX ou OY, só haverá um raio refratado (OR1 ou OR2, respectivamente).

Notar que a terminologia empregada nos minerais uniaxiais, em que se designaram as direções do elipsoide e os índices de refração da indicatriz como sendo dos raios ordinário (O, $n\omega$) e extraordinário (E, $n\varepsilon$), é imprópria para as indicatrizes

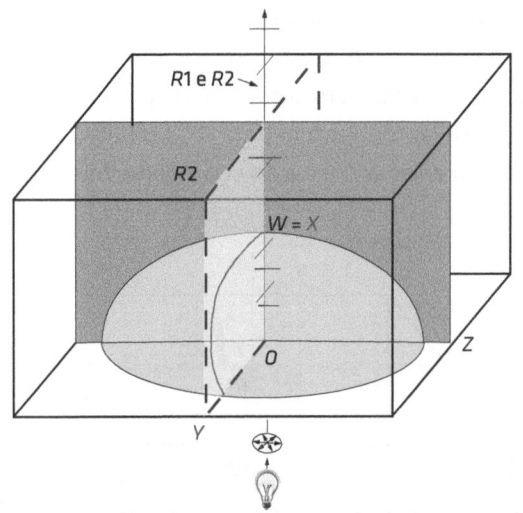

FIG. 3.18 Incidência normal de um raio de luz não polarizado em um plano principal de um mineral biaxial

biaxiais, pois, associados a uma seção, poderá haver dois raios extraordinários (primeiro caso), um raio ordinário e outro extraordinário (segundo caso) ou dois raios ordinários (terceiro caso).

Dessa forma, no estudo das indicatrizes biaxiais, utiliza-se a designação de raio lento (L) ou rápido (R). Como, nos minerais biaxiais, os índices de refração associados às direções X ($n\alpha$), Y ($n\beta$) e Z ($n\gamma$) obedecem sempre à relação $n\alpha < n\beta < n\gamma$, ao índice de refração associado a X ($n\alpha$) corresponderá sempre o índice de refração do raio rápido, e a Z ($n\gamma$), o índice de refração do raio lento. Quanto à direção Y ($n\beta$), dependerá a qual outra direção ou índice de refração ele esteja associado. Se for a Z, Y corresponderá ao raio rápido, mas, se for a X, Y será o raio lento.

3.2.3 ORIENTAÇÃO DAS INDICATRIZES EM FUNÇÃO DOS EIXOS CRISTALOGRÁFICOS DOS MINERAIS

Conforme já visto, os minerais biaxiais são aqueles que se cristalizam nos sistemas ortorrômbico, monoclínico e triclínico, apresentados a seguir. Como as propriedades ópticas de um mineral são função de sua estrutura e simetria cristalina, deve-se esperar que a estrutura cristalina ordene a sua indicatriz óptica.

- *Sistema ortorrômbico*: os minerais desse sistema possuem três eixos cristalográficos perpendiculares entre si, porém com comprimentos diferentes. Esses três eixos coincidirão, necessariamente, com as três direções ópticas, mas sem nenhuma relação exclusiva (Fig. 3.19A e Quadro 3.1).
- *Sistema monoclínico*: os minerais desse sistema têm no eixo cristalográfico *B* o único eixo de simetria binário, com um plano de reflexão perpendicular a ele (no caso exclusivo da classe prismática) (Fig. 3.19B). Nesse plano de simetria, estão contidos os eixos cristalográficos *A* e *C*, que, por sua vez, são perpendiculares a *B*. Assim, o eixo cristalográfico *B* coincidirá com uma das direções *X*, *Y* ou *Z* da indicatriz.
- *Sistema triclínico*: nesse sistema, os comprimentos dos eixos cristalográficos são todos diferentes entre si, não formando ângulos retos. Como não há elementos de simetria no sistema (a não ser um centro de inversão), os eixos da indicatriz não coincidem com nenhum dos eixos cristalográficos (Fig. 3.19C).

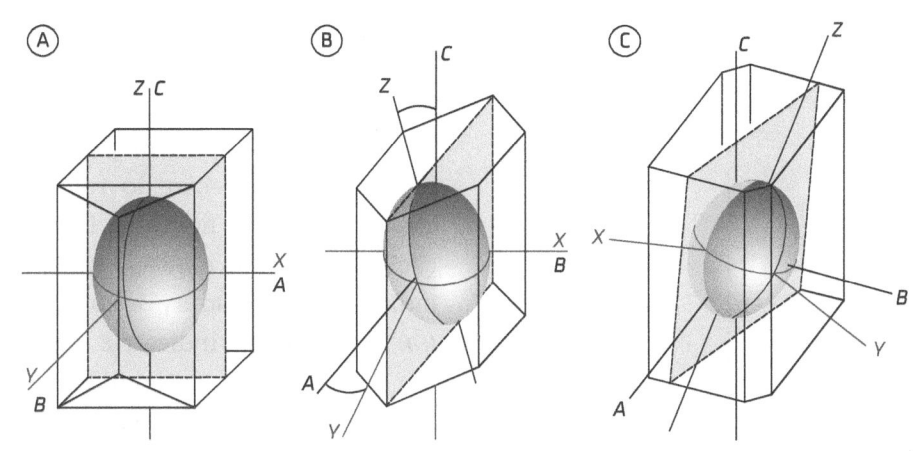

Fig. 3.19 Relação entre as indicatrizes e os eixos cristalográficos dos minerais dos sistemas ortorrômbico (A), monoclínico (B) e triclínico (C). A, B e C são os eixos cristalográficos, e X, Y e Z, as direções da indicatriz biaxial. O plano hachurado no interior dos minerais corresponde ao plano óptico da indicatriz, que coincide com planos de reflexão no caso dos sistemas ortorrômbico (classes piramidal e bipiramidal) e monoclínico (classe prismática)
Fonte: modificado de Bloss (1970).

Quadro 3.1 Relação esquemática entre os eixos cristalográficos a, b e c e os eixos X, Y e Z da indicatriz biaxial

Eixo cristalográfico	A	B	C
Sistema			
Ortorrômbico	Coincide com X, Y ou Z	Coincide com X, Y ou Z	Coincide com X, Y ou Z
Monoclínico	Não coincide	Coincide com X, Y ou Z	Não coincide
Triclínico	Não coincide	Não coincide	Não coincide

3.2.4 ÍNDICES DE REFRAÇÃO ASSOCIADOS A UM RAIO QUALQUER

Quando a incidência dos raios de luz em uma indicatriz não for normal à superfície do mineral ou não coincidir com uma de suas direções privilegiadas (como visto no primeiro caso do item anterior), pode-se determinar os índices de refração a eles associados (ou as direções X, Y ou Z da indicatriz) como aqueles perpendiculares à sua direção de propagação na indicatriz óptica. Considerar o caso mostrado na Fig. 3.20 e observar que o raio de luz incide na indicatriz

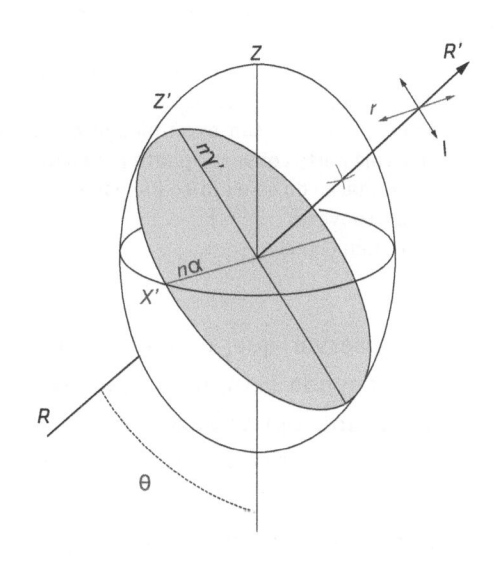

Fig. 3.20 Índices de refração associados a um raio R-R' que incide em uma indicatriz formando um ângulo θ com a direção Z

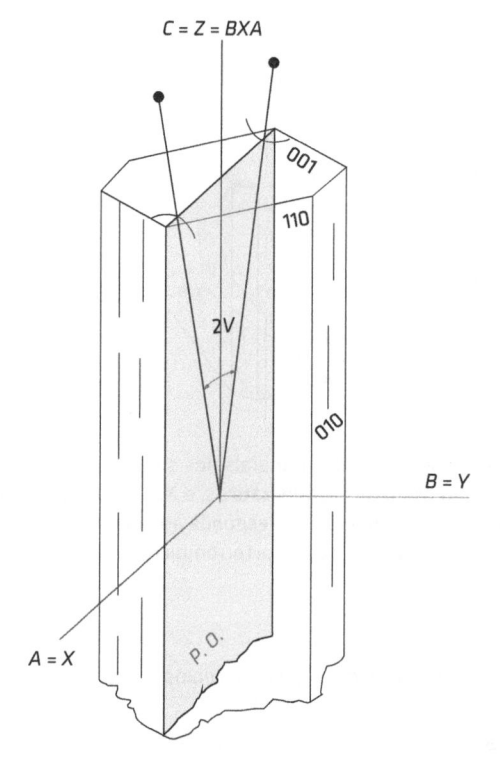

Fig. 3.21 Índices de refração do mineral ortorrômbico silimanita: $n\alpha = 1{,}657$, $n\beta = 1{,}658$ e $n\gamma = 1{,}677$. Como o valor de $n\beta$ está mais próximo de $n\alpha$ do que de $n\gamma$ ($n\beta$-$n\alpha$ = 0,001 < $n\gamma$-$n\alpha$ = 0,019), o sinal óptico da silimanita é positivo. Na figura, BXA = bissetriz aguda, P.O. = plano óptico, A, B, C = eixos cristalográficos, X, Y, Z = direções ópticas e 2V = ângulo formado pelos dois eixos ópticos medidos no plano óptico. Os eixos ópticos estão assinalados com uma bolinha cheia na sua extremidade e por um arco cuja parte convexa aponta para a direção da inclinação do eixo óptico (da parte côncava para a convexa)
Fonte dos dados: Kerr (1977).

passando pelo seu centro, segundo a direção R-R', e fazendo um ângulo θ em relação à direção Z da indicatriz.

Assim, ao traçar um plano perpendicular à direção do raio R-R', observa-se que a figura de intersecção obtida, uma elipse, contém os índices de refração $n\gamma'$ e $n\alpha'$. O raio R-R', que atinge a indicatriz segundo um ângulo θ em relação à direção Z da indicatriz, sofrerá o fenômeno da dupla refração, surgindo dois raios de luz, um deles lento (l), que vibra paralelamente à direção Z' e tem índice de refração igual a $n\gamma'$, e o outro rápido (r), que vibra segundo a direção X' e possui índice de refração igual a $n\alpha'$.

3.2.5 SINAL ÓPTICO E ÂNGULO 2V

Tendo em vista que a relação $n\alpha < n\beta < n\gamma$ é sempre obedecida, o sinal óptico dos minerais é dado pela relação entre o valor assumido pelo índice de refração intermediário ($n\beta$) e aquele maior ($n\gamma$) e menor ($n\alpha$). Dessa forma, quando o valor numérico de $n\beta$ se aproximar mais de $n\alpha$, o mineral terá sinal óptico positivo. Ao contrário, quando $n\beta$ se aproximar mais de $n\gamma$, o mineral terá sinal óptico negativo. Ver os exemplos das Figs. 3.21 e 3.22.

Observar que, quando o mineral apresenta sinal óptico positivo, a bissetriz aguda (BXA) do ângulo 2V é a direção Z da indicatriz, e, quando apresenta sinal óptico negativo, a bissetriz aguda é a direção X. Isso ocorre porque todo eixo óptico é perpendicular a uma seção circular. No caso dos minerais biaxiais, a seção circular se posiciona na indicatriz segundo a direção de Y e o seu raio é proporcional a $n\beta$ (Fig. 3.12). Viu-se que, quando o mineral é positivo, $n\beta$ se aproxima de $n\alpha$ (ou γ se aproxima de X), e, como o eixo óptico é perpendicular à seção circular, ele se aproximará de Z, conforme mostra a Fig. 3.23.

À medida que o valor de $n\beta$ aumenta (de $n\beta1$ para $n\beta3$), ou seja, que ele se desloca em direção a Z ($n\gamma$), o ângulo V também aumenta, de forma que o eixo óptico se aproxima progressivamente de X.

Por fim, na Fig. 3.24, acham-se representadas as indicatrizes biaxiais de sinais ópticos positivo (A) e negativo (B), projetadas no plano ZX, mostrando que, quando o sinal é positivo, a bissetriz aguda do ângulo 2V corresponde a Z, e a obtusa, a X. Por outro lado, quando negativo, a bissetriz aguda do ângulo 2V corresponde a X, e a obtusa (BXO), a Z.

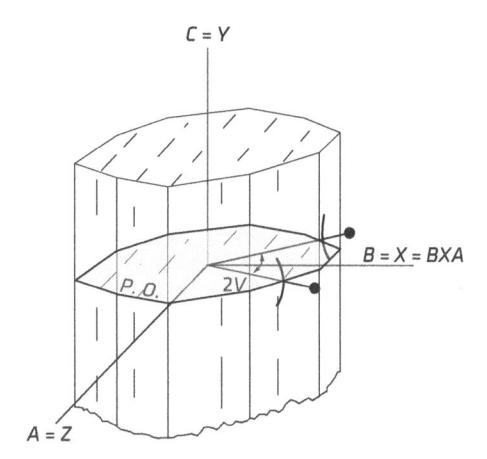

FIG. 3.22 Índices de refração do mineral ortorrômbico faialita: $n\alpha$ = 1,805, $n\beta$ = 1,838 e $n\gamma$ = 1,847. Como o valor de $n\beta$ está mais próximo de $n\gamma$ do que de $n\alpha$ ($n\beta$-$n\alpha$ = 0,033 > $n\gamma$-$n\alpha$ = 0,009), o sinal óptico da faialita é negativo
Fonte dos dados: Kerr (1977).

3.2.6 A INDEFINIÇÃO DO SINAL ÓPTICO

Como o sinal óptico dos minerais biaxiais é função do valor assumido por $n\beta$ em relação a $n\alpha$ e $n\beta$, ele será positivo quando $n\beta$ se aproximar de $n\alpha$ e negativo quando $n\beta$ se aproximar de $n\gamma$. Porém, existe um valor em que $n\beta$ será exatamente o valor médio entre esses dois valores, ou seja:

$$n\beta = \frac{n\alpha + n\gamma}{2}$$

Com isso, diz-se que o mineral tem sinal óptico indefinido ou ainda nulo, e o seu ângulo 2V será igual a 90°, ou seja, um eixo óptico estará disposto sobre a seção circular do outro eixo óptico.

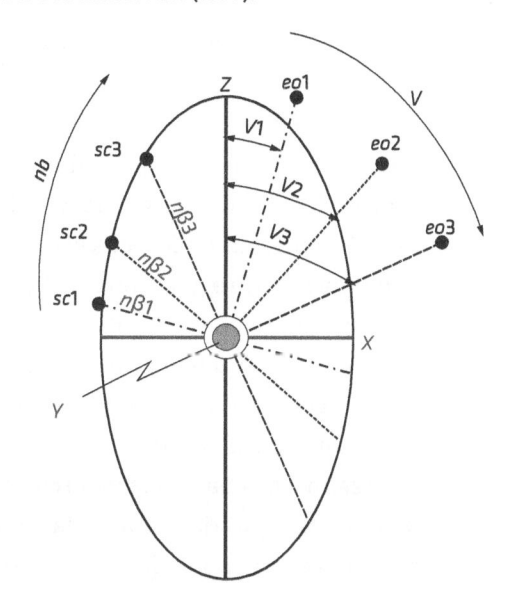

FIG. 3.23 Representação em uma indicatriz biaxial da disposição do eixo óptico (em termos de inclinação à direção Z, ou seja, o ângulo V) com a variação do índice de refração nb. Às seções circulares $n\beta1$, $n\beta2$ e $n\beta3$ estão associados, respectivamente, os eixos ópticos eo1, eo2 e eo3

Embora essa situação pareça ser apenas uma possibilidade teórica, de fato existem minerais que se enquadram nessa situação. Como exemplo, a forsterita (o extremo de composição magnesiana do grupo da olivina) tem ângulo

2V entre 85° e 90° e índices de refração variando nos intervalos: $n\alpha$ = 1,635-1,640, $n\beta$ = 1,651-1,660 e $n\gamma$ = 1,670-1,680 (Kerr, 1977).

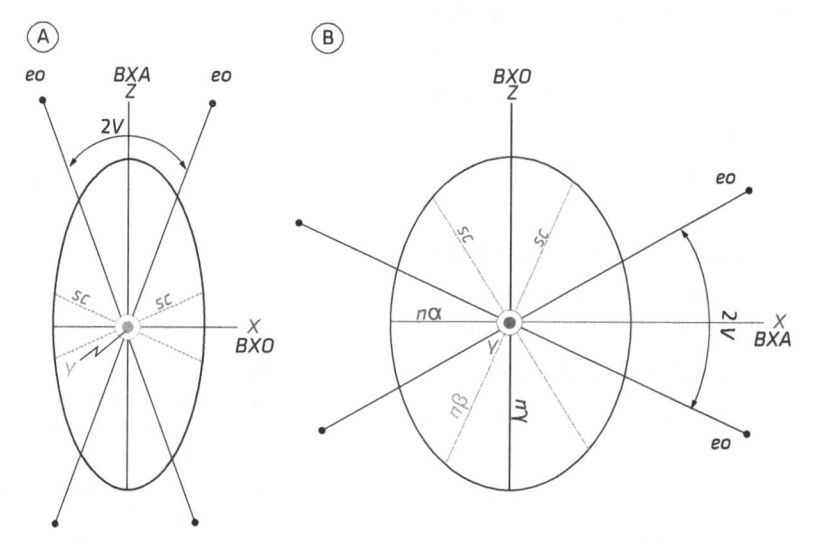

FIG. 3.24 Indicatrizes de minerais biaxiais de sinais ópticos (A) positivo e (B) negativo

3.2.7 A RELAÇÃO ENTRE OS ÍNDICES DE REFRAÇÃO E O ÂNGULO 2V

Viu-se anteriormente que a disposição dos eixos ópticos na indicatriz óptica é função dos valores assumidos pelos diferentes índices de refração dos minerais. Como os eixos ópticos são perpendiculares às seções circulares, que correspondem à direção Y (ou raio igual a $n\beta$), normalmente se diz que as posições dos eixos ópticos são controladas pelo índice de refração $n\beta$. No item anterior, essa relação ficou bastante clara, pois, quando o valor de $n\beta$ se igualou à média dos índices de refração extremos da indicatriz ($n\alpha$ e $n\gamma$), o sinal óptico do mineral se tornou indefinido.

Assim, com base nos valores dos índices de refração do mineral e por meio da equação que define as relações geométricas em uma elipse de revolução com três eixos, pode-se estabelecer as seguintes relações para o ângulo 2V:

$$\cos^2 V_Z = \frac{n\alpha^2(n\gamma^2 - n\beta^2)}{n\beta^2(n\gamma^2 - n\alpha^2)}$$

ou

$$\cos^2 V_X = \frac{n\gamma^2(n\beta^2 - n\alpha^2)}{n\beta^2(n\gamma^2 - n\alpha^2)}$$

em que V_Z = metade do ângulo 2V medido entre o eixo Z da indicatriz e o eixo óptico e V_X = metade do ângulo 2V medido entre o eixo X da indicatriz e o eixo óptico.

Com base nessas equações, é possível construir um diagrama (diagrama de Mertier) em que o valor do ângulo 2V pode ser estimado para os minerais biaxiais (Fig. 3.25). Nele, os valores de $n\alpha$ são plotados na ordenada do lado esquerdo do diagrama, e os de $n\gamma$, naquela do lado direito. Uma linha une esses dois pontos e sobre ela é assinalado o valor de $n\beta$. A projeção do ponto obtido sobre a abcissa corresponde ao valor do ângulo 2V, conforme mostra o exemplo da Fig. 3.25, de um mineral com $n\alpha = 1{,}550$, $n\beta = 1{,}630$ e $n\gamma = 1{,}650$. O mineral tem sinal óptico negativo, e o valor encontrado para o ângulo 2V é igual a 52°.

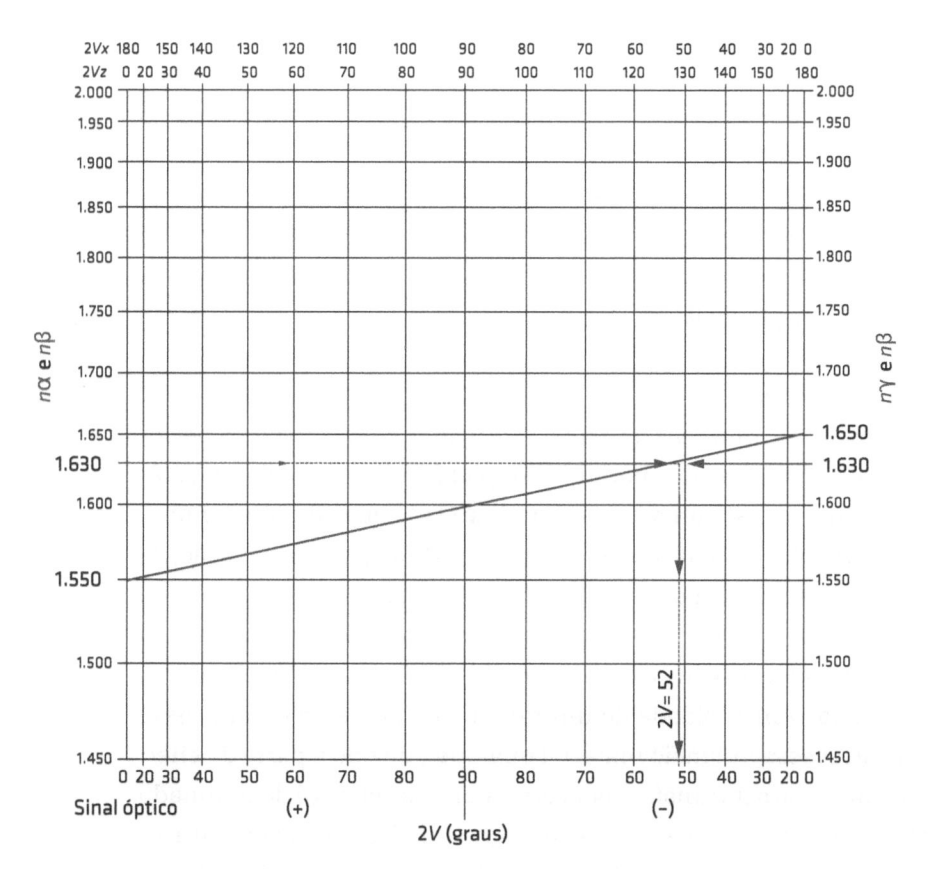

FIG. 3.25 Diagrama de Mertier para o cálculo do ângulo 2V de um mineral biaxial. No caso do exemplo, o mineral possui 2V = 52°

4 Observação dos minerais à luz natural polarizada

Neste capítulo serão estudadas as propriedades dos minerais observadas ao microscópio petrográfico sob luz natural polarizada a nicóis descruzados, ou seja, o analisador estará fora do caminho óptico do microscópio.

As propriedades aqui descritas são de extrema importância para uma definição rápida do mineral investigado e não exigem conoscopia nem uso de carta de cores. Assim, recomenda-se grande atenção do leitor.

4.1 COR

Os minerais, quando observados ao microscópio petrográfico, são iluminados por uma lâmpada de filamento de tungstênio, a qual fornece uma luz de cor amarelada que, filtrada por uma placa translúcida azul, apresenta-se como branca. Essa radiação, de caráter fortemente policromático, interage com o mineral por meio da dispersão de seus índices de refração, que será maior para cores próximas ao vermelho e menor em direção àquelas do violeta.

Ainda, a intensidade de um raio de luz decresce quando esse raio atravessa um meio material qualquer, devido a parte da energia luminosa ser transformada em calor. Esse efeito é denominado absorção e é mais acentuado em alguns meios do que em outros. Dessa forma, pode-se definir o coeficiente de absorção relativa como a razão entre as intensidades da luz incidente ($I\emptyset$) e refratada (I) em um mineral ($I\emptyset/I$).

A cor de um mineral transparente em uma seção delgada depende da absorção pelo mineral dos diferentes comprimentos de onda que compõem a luz branca incidente sobre a sua superfície. Certo mineral que apresenta cor branca, ou é incolor, não absorve nenhuma cor específica (ou radiação visível) (Fig. 4.1A).

Ao contrário, se um mineral iluminado absorver todos os comprimentos de onda da luz branca incidente, ele mostrará cor negra

(Fig. 4.1C). Da mesma forma, a absorção de algumas radiações, ou de certos comprimentos de onda (*I*), e a transmissão de outras fazem com que as cores dos minerais sejam aquelas transmitidas, como se observa na Fig. 4.1B, em que o mineral transmite mais intensamente a cor vermelha.

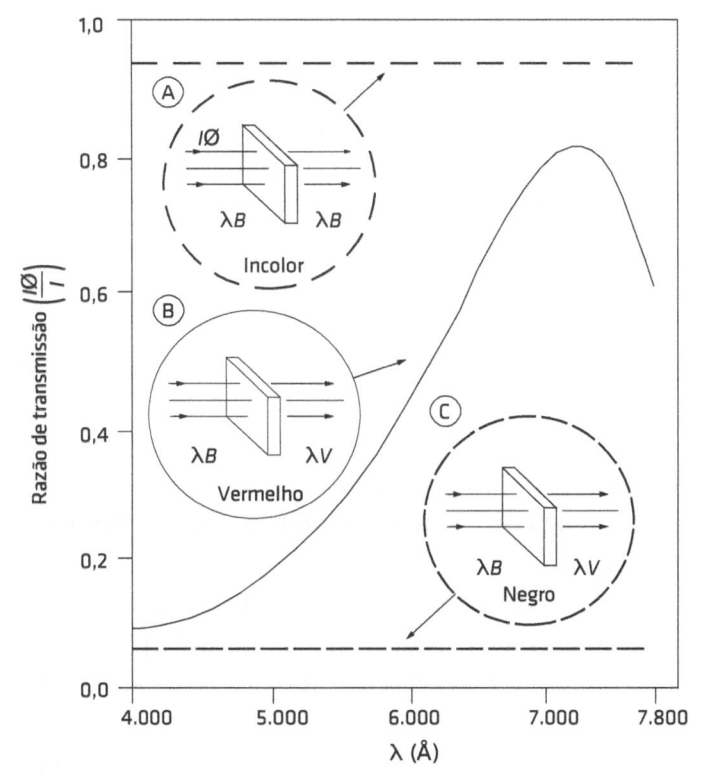

Fig. 4.1 Diagrama das razões de transmissão ($I\emptyset/I$) para diversos minerais nos quais incide luz de cor branca (*IB*): (A) mineral incolor (λB); (B) mineral vermelho (λV); e (C) mineral negro (λN)
Fonte: Bloss (1970).

Dessa forma, a cor observada para uma substância não é uma propriedade intrínseca sua, ou seja, se um mineral à luz do sol apresentar cor branca e for iluminado por uma luz azul, ele será azul, e, se for iluminado por uma luz amarela, ele será amarelo, pois esses serão os únicos comprimentos de onda disponíveis para serem transmitidos. Minerais coloridos, quando iluminados por fontes monocromáticas, poderão se mostrar negros se o comprimento de onda empregado for aquele que é absorvido por eles.

Via de regra, os minerais fracamente coloridos em amostras de mão normalmente são incolores ao microscópio (em geral correspondem aos minerais alocromáticos, que compreendem os principais minerais formadores de rocha, como feldspatos, quartzo e micas). Com isso, somente os minerais fortemente coloridos em amostras de mão (normalmente aqueles idiocromáticos) também o serão em seções delgadas.

Na Mineralogia Sistemática Macroscópica, a cor dos minerais não é uma propriedade dita diagnóstica para minerais alocromáticos, ao contrário do que ocorre na Mineralogia Óptica, em que se pode praticamente reconhecer, por exemplo, a biotita por sua cor marrom-esverdeada, o vermelho do rutilo e o verde do anfibólio.

4.1.1 PLEOCROÍSMO OU ABSORÇÃO SELETIVA

A cor de um mineral é função de sua absorção por certos comprimentos de onda que compõem a luz branca. Essa absorção (ou dispersão dos índices de refração) ocorre tanto para os minerais isotrópicos quanto para os anisotrópicos, visto que esse fenômeno acontece em nível atômico. Entretanto, para minerais coloridos e anisotrópicos, a cor poderá variar dependendo da direção de vibração da luz que os atravessa.

Assim, ao transmitir-se através do mineral, a luz pode ser absorvida de maneira seletiva dependendo da direção de sua vibração, e, consequentemente, o mineral apresentará cores diferentes. Dá-se o nome de pleocroísmo a esse fenômeno que certos minerais não opacos, transparentes e coloridos exibem de absorver a luz de maneira distinta segundo diferentes direções de vibração no seu interior.

Dessa forma, quando um mineral é pleocroico, girando-se a platina do microscópio, ele muda de cor. Na direção de vibração para a qual se verifica a máxima absorção, a cor será escura, e, na direção de absorção menor, a cor será clara.

Para essa característica, quando presente, será dado o nome de fórmula pleocroica à identificação das cores e intensidades de absorção com as respectivas direções de vibração dos seus índices de refração.

Pleocroísmo em minerais uniaxiais

Como já visto, os minerais uniaxiais apresentam dois índices de refração principais: $n\varepsilon$ e $n\omega$, sendo o primeiro disposto na direção E da indicatriz, coincidindo com a direção do eixo óptico e do eixo cristalográfico C do mineral, e o segundo paralelo à direção O da indicatriz, coincidindo com a seção circular da indicatriz disposta perpendicularmente ao eixo óptico.

Os minerais uniaxiais transparentes e incolores, quando rotacionados na platina do microscópio, não mostram variação de cores (Figs. 4.2A e 4.3A). O mesmo ocorre com os minerais uniaxiais transparentes e coloridos (Figs. 4.2B e 4.3B).

Os minerais uniaxiais transparentes, coloridos e pleocroicos mostram, com a rotação da platina, mudança na cor quando a direção E estiver paralela ao polarizador ou perpendicular a ele (Figs. 4.2C e 4.3C). Quando o cristal estiver orientado de forma que nenhuma dessas direções se encontra paralela a um dos polarizadores, o mineral exibirá cores intermediárias entre as extremas, que muitas vezes não são detectadas pelo olho humano.

Neste último caso, observar que, quando o raio extraordinário (E) fica paralelo ao polarizador inferior (P-P), o mineral apresenta uma cor mais escura (verde). Rotacionada a platina, estando agora o raio ordinário (O) paralelo ao polarizador (P-P), a cor exibida pelo mineral será mais clara (amarelo) que na situação anterior.

Portanto, minerais uniaxiais transparentes, coloridos e pleocroicos fornecerão duas cores extremas de pleocroísmo: uma na direção de vibração do raio extraordinário E e outra na direção do raio ordinário O. Por esse motivo, esses minerais são designados como dicroicos.

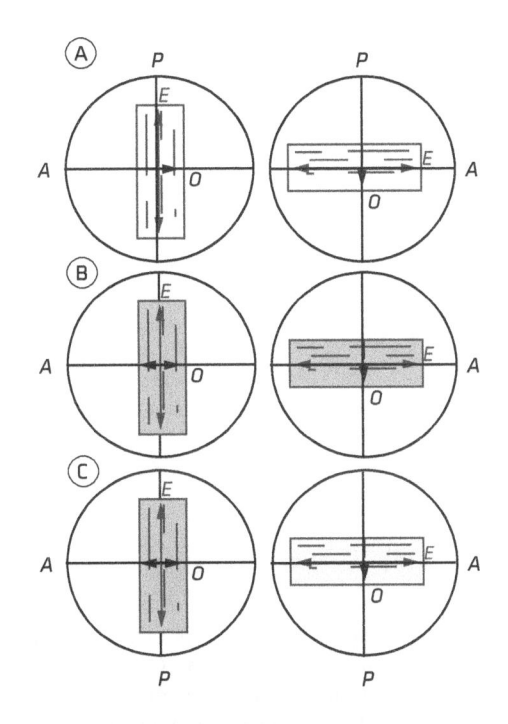

FIG. 4.2 Minerais uniaxiais mostrando as disposições dos raios ordinários (O) e extraordinários (E) em relação aos polarizadores do microscópio: (A) mineral uniaxial incolor; (B) mineral uniaxial colorido; (C) mineral uniaxial colorido e pleocroico. Observar que em (A) e (B) não há variação das cores dos minerais com a rotação da platina (versão colorida na p. 125)

Determinação da fórmula pleocroica de um mineral uniaxial

Na prática, para determinar a fórmula pleocroica de um mineral uniaxial, deve-se seguir o seguinte roteiro:

1. Procurar uma seção que não mude de cor com a rotação da platina. Essa seção deverá corresponder a uma figura geométrica aproximadamente equidimensional (nem sempre evidente), pois equivale à seção de fechamento de uma figura geométrica (um prisma, por exemplo). Cruzar os nicóis, e o mineral deverá permanecer extinto com a rotação da platina. Essa seção do mineral deverá fornecer uma figura de interferência uniaxial do tipo eixo óptico (ver Cap. 6). Observar então a cor natural dessa seção. Ela corresponde à cor equivalente à direção O ou ao índice de refração $n\omega$. Anotar a cor observada.

2. Procurar agora uma seção longitudinal que mostre extinção reta (ver Cap. 5), e, entre as demais, a que possua cor de interferência máxima. Nessa seção, paralela à sua direção de maior comprimento, encontra-se

a direção E, e, perpendicularmente a ela, a direção O. Se obtida uma figura de interferência dessa seção, ela deverá ser uniaxial do tipo relâmpago ou *flash* (ver Cap. 6). Posicionar a direção de E paralelamente à direção de vibração do polarizador do microscópio. Anotar a cor observada.

3 Comparar agora a intensidade das cores e escrever a fórmula pleocroica, conforme o exemplo da turmalina, cujo esquema óptico-cristalográfico está representado na Fig. 4.4. A cor geral observada para esse mineral é verde e fornece a seguinte fórmula pleocroica: $E = n\varepsilon$ = cor verde-clara – absorção fraca, $O = n\omega$ = cor verde--escura – absorção forte.

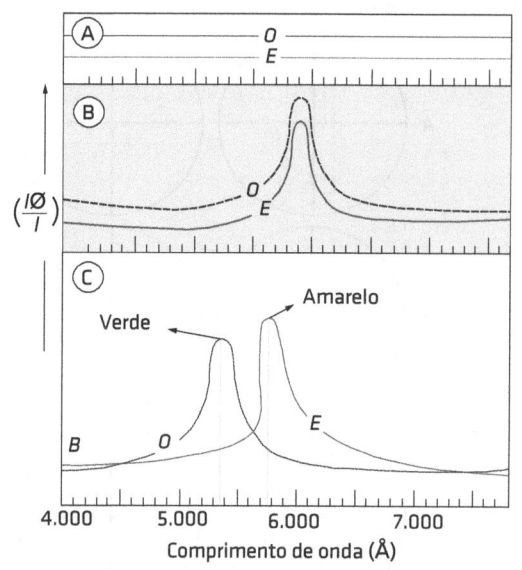

FIG. 4.3 Diagrama de comprimento de onda *versus* absorção relativa de (A) um mineral uniaxial incolor, (B) um mineral uniaxial colorido, no caso, alaranjado, com transmissão máxima por volta de 6.000 Å,⊕, e (C) um mineral uniaxial colorido e pleocroico tendo cores verde (quando O estiver paralelo ao polarizador inferior do microscópio) e amarela (quando E estiver paralelo ao polarizador inferior do microscópio)

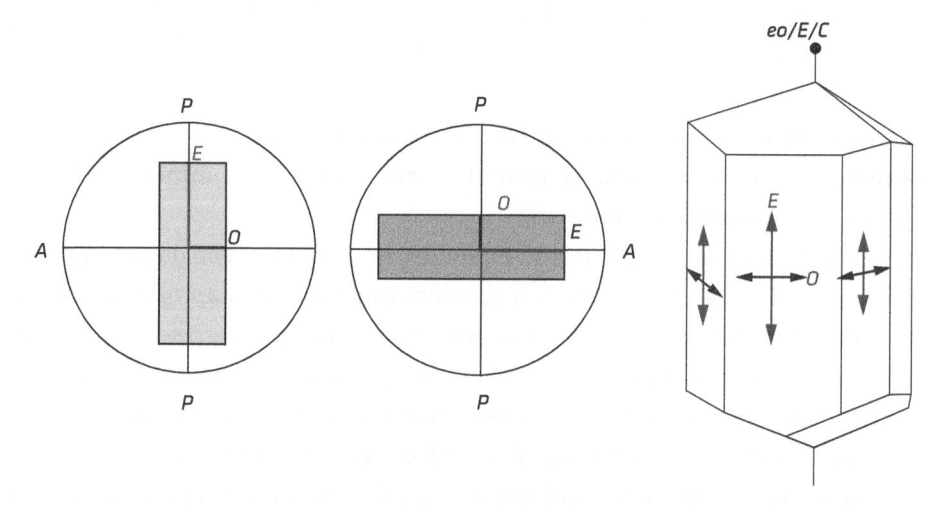

FIG. 4.4 Esquema que mostra a fórmula pleocroica da turmalina. Observar que, quando o cristal de turmalina fica com sua direção E paralela à direção do polarizador, o mineral mostra cor verde-clara (absorção fraca), e, quando a direção O fica paralela ao polarizador inferior, o mineral exibe cor verde-escura (absorção forte). Acha-se também representado o modelo óptico cristalográfico de um cristal de turmalina indicando as faces e a disposição das direções E e O. A turmalina tem $n\varepsilon = 1,610$ e $n\omega = 1,631$. Como $n\varepsilon < n\omega$, o seu sinal óptico é negativo (versão colorida na p. 125)

Fonte dos dados: Kerr (1977).

Pleocroísmo em minerais biaxiais

A exemplo dos minerais anisotrópicos uniaxiais, os minerais biaxiais transparentes e coloridos também podem apresentar o fenômeno do pleocroísmo. Conforme já visto, esses minerais possuem três índices de refração principais, $n\alpha$, $n\beta$ e $n\gamma$, que correspondem respectivamente às direções X, Y e Z da indicatriz. Assim, aqueles que apresentarem o fenômeno do pleocroísmo deverão exibir três cores principais, uma para cada direção da indicatriz, sendo, portanto, designados como tricroicos.

Cabe ressaltar que nem sempre a característica tricroica de um determinado mineral biaxial poderá ser perceptível ao olho humano. Alguns casos são extremos, como o da piedemontita, um sorossilicato em que três cores são facilmente vistas devido à variação maior de seus índices de refração associados.

Determinação da fórmula pleocroica de um mineral biaxial

Na prática, para determinar a fórmula pleocroica de um mineral biaxial, deve-se primeiro ter em mente que, em uma lâmina delgada, os cristais se mostram sempre como planos que podem conter apenas dois índices de refração. Assim, para determinar a fórmula pleocroica de um mineral biaxial, é necessário ter pelo menos duas de suas seções. Seguir o seguinte roteiro:

1 Procurar uma seção que não mude de cor com a rotação da platina. Cruzar os nicóis, e o mineral deverá permanecer extinto com a rotação da platina. Essa seção do mineral deverá fornecer uma figura de interferência biaxial do tipo eixo óptico (ver Cap. 6). Observar então a cor natural dessa seção. Ela corresponde à cor equivalente à direção Y ou ao índice de refração $n\beta$. Anotar a cor observada.

2 Procurar uma nova seção, agora que apresente a cor de interferência mais alta possível entre as demais. Nessa seção, deverão estar contidas as direções X e Z da indicatriz ou, respectivamente, os índices de refração mínimo ($n\alpha$) e máximo do mineral ($n\gamma$). Essa seção deverá fornecer uma figura de interferência biaxial do tipo normal óptica (ver Cap. 6).

3 Na seção anterior, determinar a posição dos raios rápido e lento do mineral, que corresponderão respectivamente às direções X e Z do mineral (ver Cap. 5).

4 Sob nicóis descruzados, alinhar a direção de X de forma a ficar paralela à direção do polarizador inferior. Anotar a cor observada, que corresponderá àquela de X.

5 Ainda sob nicóis descruzados, alinhar a direção de Z de forma a ficar paralela à direção do polarizador inferior. Anotar a cor observada, que corresponderá àquela de Z.

6   Comparar agora a intensidade das cores e escrever a fórmula pleocroica, conforme o exemplo da cumingtonita (um anfibólio rico em Mg e Fe), cujo modelo óptico-cristalográfico está representado na Fig. 4.5. Nesse exemplo, a fórmula pleocroica será: X = cor amarelo-clara – absorção fraca, Y = cor marrom-clara – absorção intermediária, Z = cor amarelo-esverdeada – absorção forte.

Deve-se ressaltar que os minerais isotrópicos não apresentam o fenômeno do pleocroísmo (são homogêneos opticamente, exibindo apenas um único índice de refração), assim como todas as seções perpendiculares aos eixos ópticos, sejam de minerais uniaxiais, sejam de minerais biaxiais, pois correspondem às seções circulares onde está presente somente um único índice de refração: $n\beta$ (no caso dos minerais biaxiais) ou $n\omega$ (no caso dos minerais uniaxiais).

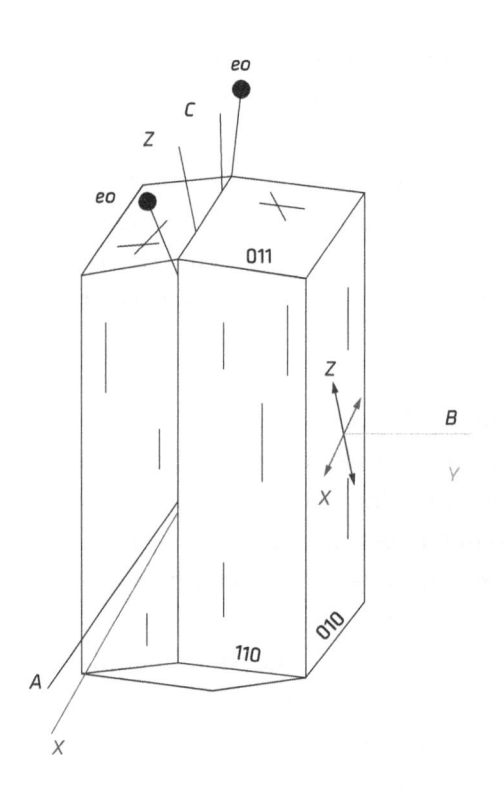

Fig. 4.5   Modelo óptico-cristalográfico de um cristal de cumingtonita, em que $n\alpha$ = 1,635, $n\beta$ = 1,644 e $n\gamma$ = 1,655
Fonte dos dados: Deer, Howie e Zussman (1966).

4.2 RELEVO

As seções ou os fragmentos de um cristal ao microscópio são caracterizados por superfícies e bordas desiguais, irregulares ou mesmo porosas. Ao maior ou menor contraste dessas feições, dá-se o nome de relevo.

O relevo depende da diferença entre os índices de refração do cristal e do seu meio envolvente. Quando o índice de refração de um cristal é igual ou muito próximo do índice de refração do meio que o envolve, o contorno desse mineral torna-se invisível ou praticamente invisível. Se o índice de refração do cristal se afasta muito do índice circundante, o seu contorno torna-se saliente. Quanto maior for a diferença entre os dois índices de refração, maior será o contraste entre as feições do cristal.

Assim, é definida uma escala de relevo, quanto à diferença entre os índices de refração do mineral e do meio que o envolve (Δ_n), com as seguintes características:

▶ *Relevo forte*: $\Delta_n \geq 0,12$ – contorno, traços de clivagem e planos de fratura dos minerais são acentuados. A superfície dos cristais parece ter aspecto áspero.

- *Relevo moderado*: $\Delta_n = 0{,}04\text{-}0{,}12$ – contorno, traços de clivagem e planos de fratura dos minerais são distintos. A superfície dos cristais tem textura, ondulações são perceptíveis.
- *Relevo fraco*: $\Delta_n \leq 0{,}04$ – contorno, traços de clivagem e planos de fratura dos minerais são fracamente visíveis. A superfície dos cristais parece ser lisa.

Cabe ressaltar que, quando certo mineral observado ao microscópio de luz polarizada apresentar cor muito forte, bordas ou superfícies muito irregulares ou mesmo alteradas, contiver um número grande de inclusões de outro mineral (halo pleocroico, por exemplo) ou estiver muito fraturado, ele poderá exibir um relevo muito mais alto que aquele que seria devido às diferenças entre os índices de refração do mineral e de seu meio envolvente. Esse relevo recebe a designação de relevo aparente.

4.2.1 SINAL DO RELEVO

Normalmente, as seções delgadas são montadas em bálsamo do canadá, cujo índice de refração é igual a 1,537, e o relevo dos cristais será função da diferença entre os seus índices de refração e aqueles do mineral. Assim, costuma-se atribuir ao relevo sinais quando o índice de refração do mineral (*nm*), em comparação com o do seu meio envolvente (*nb*), for:

$$\text{Positivo (+): } nm > nb$$
$$\text{Negativo (−): } nm < nb$$

4.2.2 DETERMINAÇÃO DO SINAL DO RELEVO

A determinação do sinal do relevo poderá ser feita por meio de dois métodos práticos, descritos a seguir.

Método da iluminação central ou linha de Becke

Nesse método, emprega-se objetiva de médio a grande aumento (20-35x), diafragma-íris parcialmente fechado e condensador móvel. Pode ser usado tanto em lâminas delgadas como em pó.

O método consiste em focalizar um grão do mineral em contato com o bálsamo ou outro meio qualquer. Deseja-se verificar se o índice de refração do mineral é maior ou menor do que o do líquido de imersão. No contorno do grão, observa-se uma linha grossa e escura e outra linha brilhante, chamada linha de Becke.

Afastando-se a objetiva da posição de focalização, a linha de Becke move-se para o meio de maior índice de refração (Fig. 4.6).

Pode-se explicar o aparecimento da linha de Becke por meio do fenômeno da reflexão total. Assim, admitindo-se que dois meios, *A* e *B*, com índices de refração iguais a *n* e *N*, em que $N > n$, acham-se em contato reto e vertical entre si (Fig. 4.7), e sendo o feixe de luz incidente no mineral convergente, os raios 1 e 2 propagam-se inicialmente através do meio *A* e incidem no contato com o meio *B*. Como o índice de refração do meio *A* (*n*) é menor do que o do meio *B* (*N*), sempre haverá refração, independentemente do ângulo do raio incidente, sendo que os raios refratados se aproximarão da normal, pois, segundo a lei de Snell:

$$\frac{\text{sen } i}{\text{sen } I} = \frac{N}{n}$$

Ou então:

$$\text{sen } I = \frac{n}{N}\text{sen } i$$

em que *i* = ângulo do raio incidente e *I* = ângulo do raio refratado.

Como *n/N* é menor do que 1, sen *I* será sempre menor do que 1 (ou *I* < 90°).

Ainda, os raios 3 e 4 se propagam no meio *B*, que apresenta índice de refração maior do que o meio *A*. Quando eles atingem a interface com o meio *A*, observa-se que a sua progressão para esse meio nem sempre ocorrerá, pois, aplicando a lei de Snell, tem-se que:

$$\text{sen } I = \frac{N}{n}\text{sen } i$$

Ou seja, *N/n* assume um valor maior do que 1, e, consequentemente, para que haja refração, o sen *I* deve ser menor do que 1, ou *I* < 90°. Assim, raios incidentes que atingirem a

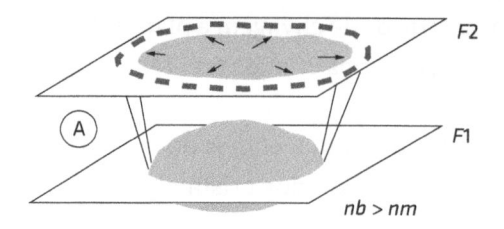

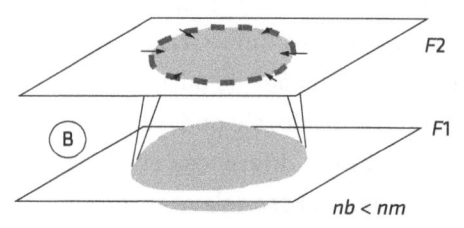

FIG. 4.6 Representação esquemática da movimentação da linha de Becke conforme o índice de refração do mineral (*nm*) for (A) menor ou (B) maior que o do meio envolvente (*nb*). Em ambos os casos, a platina do microscópio foi abaixada em relação à objetiva. Observar que a linha de Becke (representada na forma pontilhada) se move sempre para o meio de maior índice de refração
Fonte: modificado de Nesse (2004).

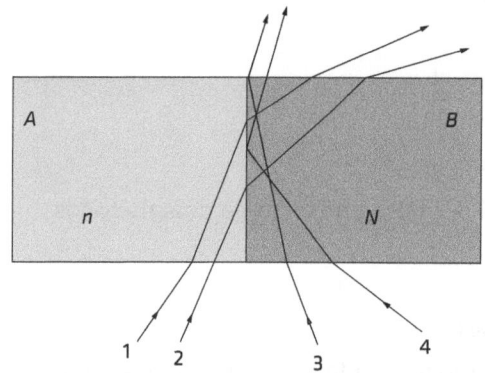

FIG. 4.7 Dois meios, *A* e *B*, com índices de refração *n* e *N*, sendo $N > n$, dispostos em contato reto e vertical entre si. Os raios 1 e 2, como se propagam do meio de maior para o de menor índice de refração, independentemente do ângulo de incidência sempre se propagam do meio *A* para o *B*. Os raios 3 e 4 propagam-se do meio de maior para o de menor índice de refração e, assim, incidem com um ângulo, na interface entre *A* e *B*, maior que o ângulo-limite, sofrendo reflexão total. Com isso, a linha de Becke é uma concentração anormal de luz sobre o meio de maior índice de refração
Fonte: Fujimori e Ferreira (1979).

superfície do mineral com valores de *i* e que fizerem sen *I* > 1 ou *I* > 90° não sofrerão refração, mas sim reflexão total.

Desse modo, como os raios 3 e 4 atingem essa interface com ângulos maiores do que o ângulo-limite (sen *I* = 1), sofrem reflexão total e, assim, ficam concentrados no meio *B*, aquele de maior índice de refração. Logo, o efeito da linha de Becke será uma concentração de luz acima do contato no lado do meio de maior índice de refração.

Ao microscópio, a linha de Becke não é suficientemente clara para ser definida quando o aparelho estiver focalizado exatamente sobre o fragmento, por isso é que se levanta ligeiramente a objetiva (ou se abaixa a platina) do microscópio.

Cabe ressaltar que fragmentos de minerais espessos e irregulares produzem comumente uma linha brilhante próxima da borda de um fragmento como resultado da reflexão interna ou, então, pela reflexão ordinária da luz em um contato inclinado com o meio de imersão. Essa linha, chamada de falsa linha de Becke, move-se em direção oposta à da linha de Becke.

A falsa linha é especialmente notada quando a diferença entre os índices de refração dos fragmentos e do líquido de imersão é considerável e quando a luz fortemente convergente que provém da lente condensadora móvel passa através do fragmento e penetra em uma objetiva de grande abertura angular.

Em alguns casos, é possível eliminar ou reduzir a falsa linha de Becke pela redução da abertura do diafragma abaixo da platina, pela eliminação da lente condensadora ou pela utilização de uma objetiva de abertura angular menor.

Método da iluminação oblíqua

A avaliação do índice de refração de um mineral em relação ao meio de imersão pelo método da iluminação oblíqua é feita utilizando-se uma objetiva de pequeno a médio aumento linear com condensador móvel inserido no sistema e escurecendo-se cerca de metade do campo de visão do microscópio. Esse escurecimento é mais facilmente produzido inserindo-se a parte opaca de um compensador na fenda correspondente no microscópio e tem a finalidade de eliminar a metade do cone de luz convergente que se forma acima do condensador móvel.

Com isso, quando os grãos de minerais imersos em certo meio de imersão (nb) e localizados na parte iluminada mostrarem sombras voltadas para a parte escurecida do campo de visão do microscópio, tem-se que esse mineral (nm) possui índice de refração maior do que seu meio de imersão (Fig. 4.8A).

No caso inverso, ou seja, quando o índice de refração do mineral (nm) é menor que o do meio de imersão (nb), as bordas opostas à parte escura do campo do microscópio é que se apresentam escuras (Fig. 4.8B). A grande vantagem desse método é poder observar vários grãos.

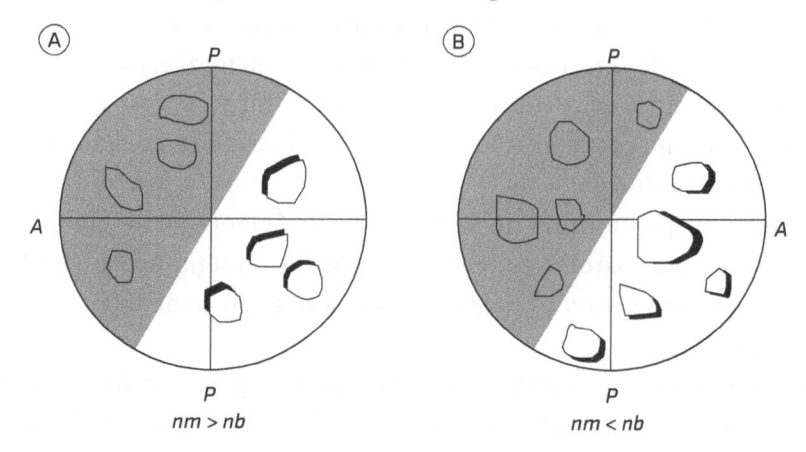

FIG. 4.8 Esquema do emprego do método da iluminação oblíqua para a comparação do índice de refração do mineral (*nm*) com o do seu meio de imersão (*nb*). Observar que a metade superior esquerda do campo de visão do microscópio foi escurecida. Em (A), as sombras dos grãos minerais estão voltadas para o lado do campo escurecido, indicando que o índice de refração do mineral é maior do que o do seu meio de imersão (*nm* > *nb*). Em (B), observam-se as sombras dos grãos minerais voltadas para o lado oposto do campo escurecido (*nm* < *nb*), indicando que o índice de refração do mineral é menor do que o do seu meio de imersão

4.3 DETERMINAÇÃO DOS ÍNDICES DE REFRAÇÃO COM ÓLEOS DE IMERSÃO

O método mais adequado para a determinação do índice de refração de minerais transparentes é a imersão de fragmentos em líquidos com índices de refração conhecidos.

Esse método consiste em obter o pó do mineral e colocá-lo em uma lâmina juntamente com um líquido de imersão com índice de refração conhecido. A seguir, determina-se o sinal do relevo por meio do método da linha de Becke ou da iluminação oblíqua, observando-se cuidadosamente o seu relevo. Se ele for baixo, o índice de refração está próximo do índice do óleo e deve-se escolher outro para a próxima montagem, com índice bem próximo ao anterior, maior ou menor, conforme o resultado da aplicação do método da linha de Becke ou da iluminação oblíqua. Com o óleo escolhido dessa maneira, faz-se nova montagem do mineral e determina-se novamente o sinal do relevo, e assim sucessivamente até obter a igualdade entre os índices do mineral e do óleo, o que corresponde ao desaparecimento do contorno do mineral.

Deve-se lembrar que as substâncias amorfas e os minerais isotrópicos possuem somente um índice de refração, aqueles uniaxiais possuem dois índices de refração extremos, $n\varepsilon$ e $n\omega$, e os biaxiais, três índices, $n\alpha$, $n\beta$ e $n\gamma$.

4.4 CLIVAGEM

Propriedade de extrema importância para a identificação de minerais e de diferentes seções de um mesmo mineral. Em seções delgadas, a clivagem de um mineral se apresenta como linhas finas e retilíneas, nem sempre contínuas, mas sempre paralelas entre si.

Já quando os planos de clivagem são perpendiculares à platina do microscópio, eles se apresentam como uma série de linhas muito finas que permanecem imóveis quando se afasta a objetiva. Isso porque a objetiva focalizará pontos situados na mesma vertical.

4.4.1 TIPOS DE CLIVAGEM

As clivagens podem ser classificadas quanto à qualidade ou quanto ao número de direções.

Com relação à qualidade, a clivagem pode ser perfeita, boa, distinta e imperfeita. A clivagem basal das micas e do topázio e a clivagem dos feldspatos são perfeitas. A clivagem prismática dos piroxênios é boa. A clivagem prismática da andalusita {110} e a clivagem pinacoidal da silimanita são distintas. A olivina apresenta clivagem imperfeita. De maneira geral, os traços de clivagem perfeita e boa são bem visíveis ao microscópio, mas os da imperfeita são pouco visíveis.

No que se refere ao número de direções, a clivagem pode exibir de uma a quatro direções. As micas, o topázio e a silimanita (Fig. 4.9), entre outros, possuem clivagem em uma direção. Ao microscópio, esses minerais apresentam uma série de linhas finas e paralelas quando os planos de clivagem são perpendiculares ou quase perpendiculares ao plano da platina (Fig. 4.10A). Quando os planos de clivagem são paralelos ao plano da platina, verifica-se na borda do mineral uma série de degraus (Fig. 4.10B).

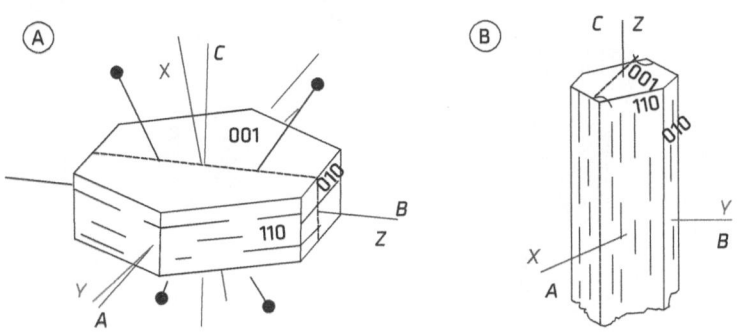

FIG. 4.9 Modelos óptico-cristalográficos da (A) muscovita, que mostra clivagem basal perfeita segundo (001), e da (B) silimanita, que exibe clivagem perfeita segundo (010)

Por sua vez, feldspatos, piroxênios e anfibólios, entre outros, apresentam clivagem em duas direções. Deve-se observar que, em uma seção delgada, nem todos os grãos de um mesmo mineral que possui duas direções de clivagem mostram essas direções. Os piroxênios e os anfibólios, por exemplo, exibem somente as duas direções de clivagem quando são cortados paralelamente à sua seção basal. Em seções longitudinais desses minerais, aparece somente uma série de linhas paralelas (Fig. 4.11).

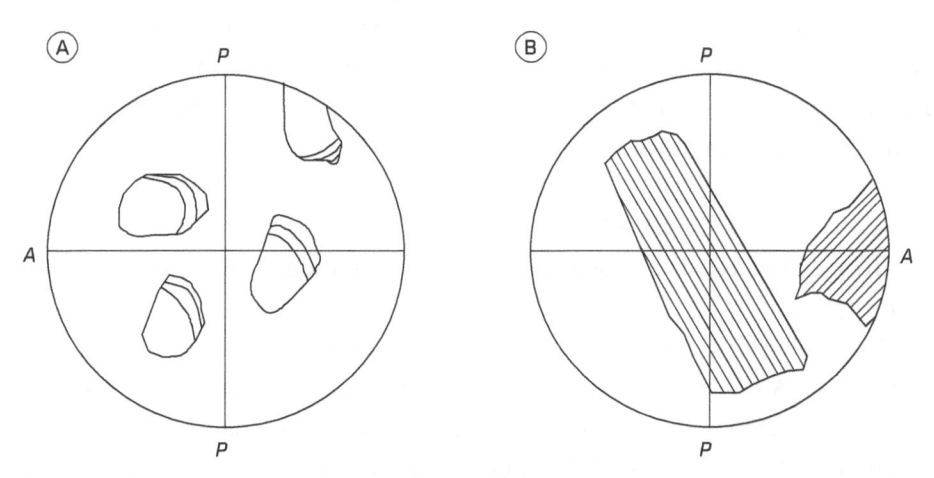

Fig. 4.10 Representação esquemática de um cristal de muscovita observado ao microscópio petrográfico: (A) os planos de clivagem estão paralelos ao plano da platina ou segundo (001); (B) os planos de clivagem estão perpendiculares ao plano da platina, podendo corresponder às faces (110), (010) etc., conforme se pode observar na Fig. 4.9A

Deve-se também observar que os ângulos entre as direções de clivagem são característicos para cada espécie mineral. Os piroxênios, por exemplo, possuem duas direções de clivagem que formam um ângulo de 90° {110}, enquanto os anfibólios também têm duas direções de clivagem segundo {110}, porém que se cruzam formando um ângulo de 120° (Fig. 4.11).

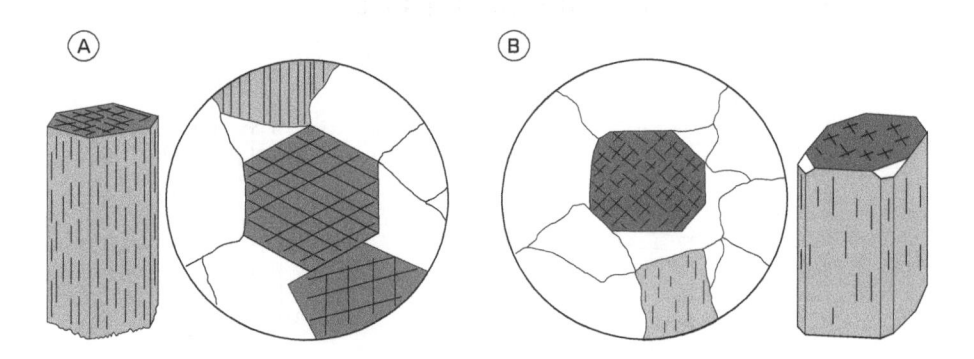

Fig. 4.11 Representação esquemática de (A) anfibólio (hornblenda) e (B) cristais de piroxênio (augita) em seções delgadas. Como mostram os modelos óptico-cristalográficos desses minerais, ambos possuem duas direções de clivagem na seção basal. Quaisquer outras direções exibirão, no máximo, apenas uma direção de clivagem (seções longitudinais)

Já as formas produzidas por três direções de clivagem são normalmente figuras reticuladas, retangulares ou com vértices em forma de cunha. Entre os tipos de clivagem em três direções têm-se:

▶ *Clivagem cúbica*: planos de clivagem paralelos às faces do cubo. Ao microscópio, a clivagem cúbica apresenta-se na forma de quadrados (Fig. 4.12).

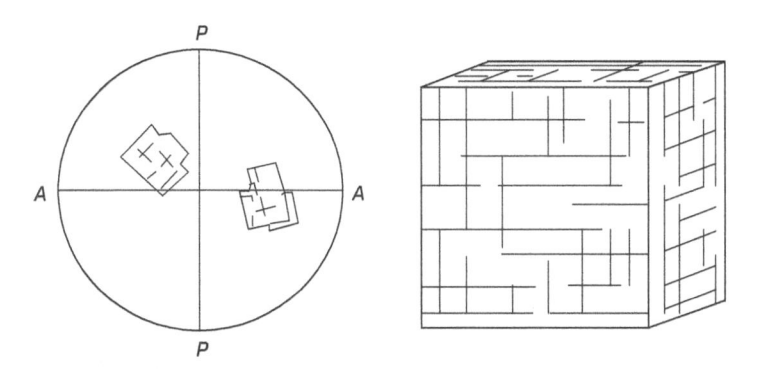

Fig. 4.12 Clivagem cúbica da halita observada ao microscópio petrográfico. Para melhor visualização, é apresentado seu modelo óptico-cristalográfico

▶ *Clivagem romboédrica*: planos de clivagem paralelos às faces do romboedro. Ao microscópio, a clivagem romboédrica apresenta-se na forma de losangos ou figuras reticuladas (em duas direções) com linhas de crescimento paralelas às diagonais maior e/ou menor das faces externas (Fig. 4.13).

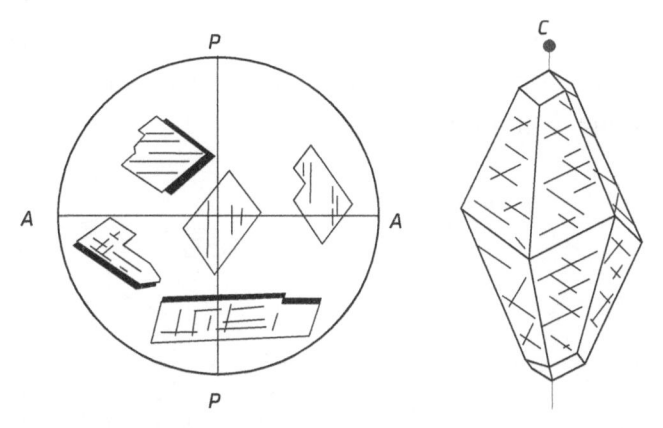

Fig. 4.13 Clivagem romboédrica da calcita observada ao microscópio petrográfico e seu modelo óptico-cristalográfico

▶ *Clivagem retangular*: semelhante à clivagem cúbica, ou seja, em três direções. A clivagem retangular ocorre em minerais do sistema ortorrômbico, e a cúbica, em minerais do sistema isométrico. Assim, para reconhecer esses dois tipos de clivagem basta conferir a anisotropia do mineral observando-o sob nicóis cruzados. Caso haja extinção permanente com a rotação da platina do microscópio, o mineral que exibe as três direções de clivagem pertence ao sistema isométrico e, portanto, a clivagem observada é cúbica. Como exemplo de clivagem retangular, tem-se a da anidrita (Fig. 4.14).

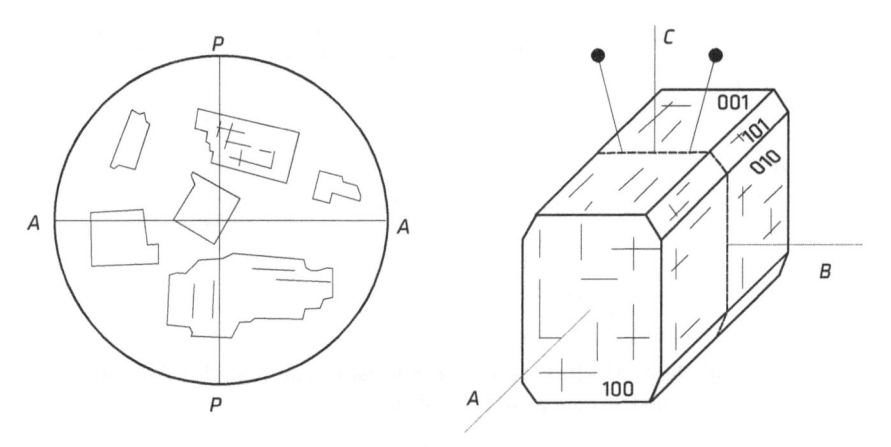

Fig. 4.14 Clivagem retangular da anidrita segundo as direções (100), (010) e (001), observadas ao microscópio petrográfico e segundo seu modelo óptico-cristalográfico

Por fim, um bom exemplo de clivagem em quatro direções é aquela apresentada pela fluorita, cujos planos de clivagem são paralelos às faces de um octaedro. Os traços de clivagem da fluorita em seções delgadas tendem a assumir uma forma triangular ou romboédrica. Em amostras de pó, os fragmentos tendem a adquirir formas triangulares, ou irregulares, mas com terminação de uma "pirâmide" (Fig. 4.15).

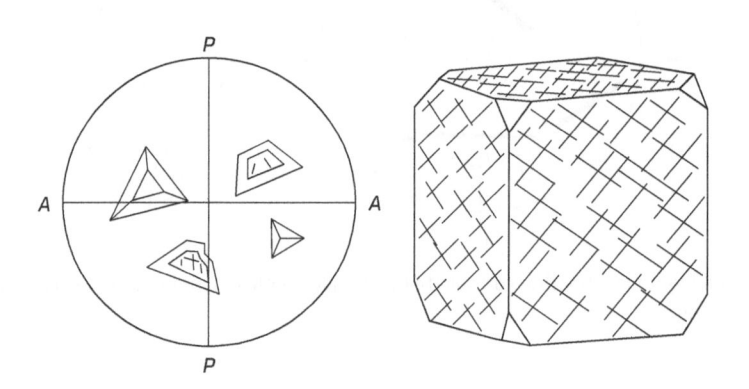

Fig. 4.15 Clivagem octaédrica da fluorita representada como fragmentos observados ao microscópio petrográfico e seu modelo óptico-cristalográfico

4.5 PARTIÇÃO

A partição é uma superfície de fratura relativamente plana que muitas vezes se confunde com a clivagem, razão pela qual é mais difícil de ser observada. Entretanto, os planos de partição são irregularmente espaçados e possuem traços muito grossos, além de não ser constante o seu aparecimento entre os grãos de uma mesma espécie mineral. Piroxênios e anfibólios apresentam partição típica, {100} ou {001}, já o corindon exibe partição basal (Fig. 4.16).

4.6 HÁBITO

O hábito é a forma ou conjunto de formas que um mineral pode assumir. Trata-se de uma das características de identificação mais importantes sob nicóis descruzados, dispensando, muitas vezes, o uso da ortoscopia. Sob essa denominação, inúmeras designações são incluídas, como grau de cristalinidade, forma de agregados, formas cristalográficas e aspectos texturais.

O hábito será aqui definido sob dois aspectos. O primeiro aspecto é quanto à presença de faces cristalinas, podendo os minerais ser divididos em (Fig. 4.17):

- *Minerais euedrais*: limitados inteiramente por faces cristalinas.
- *Minerais subedrais*: limitados parcialmente por faces cristalinas.
- *Minerais anedrais*: não apresentam faces cristalinas.

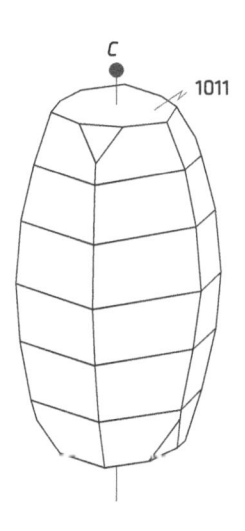

Fig. 4.16 Modelo óptico-cristalográfico do corindon, que exibe plano de partição basal

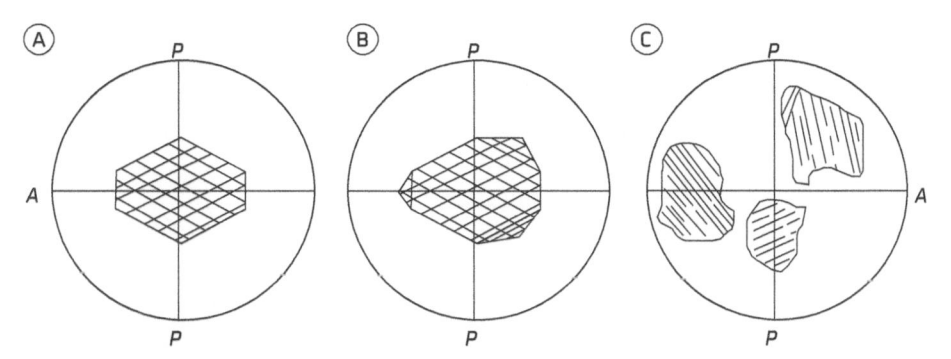

Fig. 4.17 Representação esquemática do hábito de minerais com base na presença de faces cristalinas: (A) mineral euedral; (B) mineral subedral; (C) mineral anedral

O segundo aspecto é quanto às formas mais comuns de cristais individuais, sendo os minerais caracterizados por uma associação de formas cristalográficas específicas: os hábitos tabular, prismático, lamelar, acicular, equidimensional e granular (Fig. 4.18).

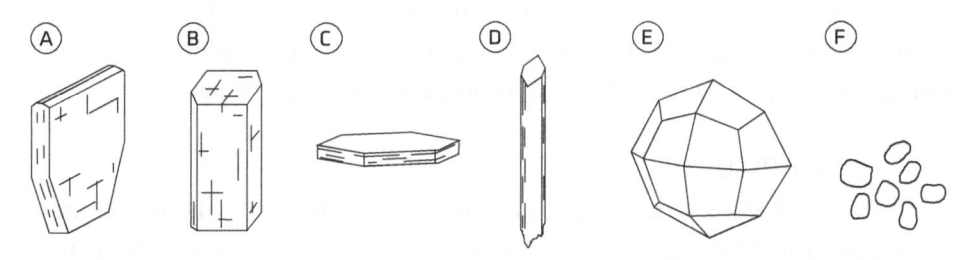

FIG. 4.18 Hábitos mais comuns observados em minerais: (A) tabular; (B) prismático; (C) lamelar; (D) acicular; (E) equidimensional; (F) granular

5 Observação dos minerais sob nicóis cruzados: ortoscopia

No sistema ortoscópico, ou seja, estando o analisador inserido no sistema óptico, as ondas de luz que passam através do polarizador e penetram em um cristal estão vibrando somente em uma direção. Ao atingir um mineral anisotrópico, a luz se divide em dois raios que estão polarizados em planos ortogonais. Entretanto, ao deixarem o mineral, esses dois raios são incoerentes e, assim, não interferem entre si. Quando atingem o analisador para atravessá-lo, eles se combinam, produzindo uma onda resultante e gerando cores de interferência, assunto deste capítulo.

5.1 PRINCÍPIOS DE INTERFERÊNCIA DA LUZ

Para analisar o fenômeno de interferência entre ondas de luz, veja-se o comportamento físico de duas ondas de luz distintas, polarizadas em um mesmo plano ou em planos diferentes.

5.1.1 ONDAS POLARIZADAS EM UM MESMO PLANO

A Fig. 5.1 mostra o trem de ondas de um raio de luz que se propaga segundo a direção OP. Os vetores representados pelas letras $a1$, $a2$ e $a3$ apresentam a mesma direção, sentido e amplitude de vibração. O mesmo ocorre para os pontos $b1$, $b2$ e $b3$. Diz-se então que os vetores a, e também aqueles b, estão em fase entre si.

Por outro lado, os vetores $a1$ e $b1$ têm a mesma direção e amplitude, porém sentidos opostos de vibração, ou simplesmente estão fora de fase entre si (Fig. 5.1). Denomina-se a distância entre dois pontos dentro

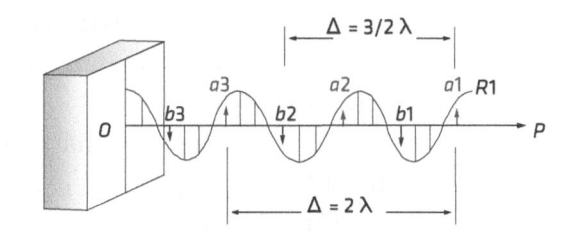

FIG. 5.1 Representação esquemática de um raio de luz OP polarizado verticalmente mostrando a diferença de percurso ou atraso (Δ) para um conjunto de pontos em fase (por exemplo, $a1$, $a2$ e $a3$) e fora de fase (por exemplo, $a1$ e $b1$)

de um mesmo trem de onda de diferença de trajetória ou diferença de percurso ou atraso (Δ), a qual é expressa em unidades de comprimento de onda (Å ou mμ). Desse modo, a distância entre pontos que estão todos em fase entre si será sempre um número inteiro de comprimentos de onda:

$$\frac{1}{2}\lambda, \frac{\lambda}{2}, \frac{3\lambda}{2}, ..., \frac{2n+1}{2}\lambda$$

Por exemplo:

$$\Delta a1-b1=\frac{\lambda}{2}, \quad \Delta a1-b2=\frac{3\lambda}{2}$$

Caso se admitam agora duas ondas de luz vibrando em um mesmo plano, sabe-se que elas não permanecem isoladas, mas sim interferem ou combinam-se para produzir um movimento composto. Essa combinação se faz pela soma vetorial entre as direções de vibração de cada onda independente (ou ondas primárias), ponto a ponto, produzindo uma onda resultante, conforme mostra a Fig. 5.2, em que, por exemplo, a soma dos vetores 1' e 1" resulta em um vetor nulo, enquanto a soma vetorial 2' e 2" resulta no vetor 2.

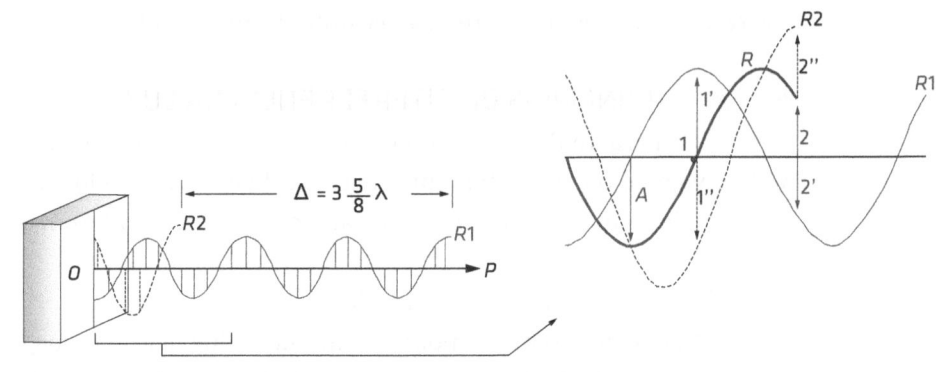

Fig. 5.2 Representação esquemática de dois raios de luz primários R1 e R2, que vibram em um mesmo plano vertical e estão defasados em 3(5/8)λ. No destaque, a resultante obtida pela soma vetorial entre os vetores individuais. Observar que a onda resultante R é destrutiva, pois sua amplitude A é menor do que as ondas primárias

A onda resultante da interferência entre duas ondas de luz depende do comprimento de onda, da amplitude e da diferença de percurso Δ entre as ondas primárias.

No caso de duas ondas primárias de mesmo comprimento de onda λ, mas com uma diferença de percurso $n\lambda$, têm-se:

▶ *Interferência construtiva*: quando a onda resultante exibe uma amplitude (A) maior do que a das ondas primárias. Isso ocorre quando as ondas em interferência estão em fase, ou seja, *n* é um número inteiro.

▶ *Interferência destrutiva*: quando a onda resultante apresenta uma amplitude (A) menor do que a das ondas primárias. Isso ocorre quando as ondas em interferência estão fora de fase, ou seja, n é um número fracionário (ponto A da Fig. 5.2).

5.1.2 ONDAS POLARIZADAS EM PLANOS PERPENDICULARES – A FUNÇÃO DO ANALISADOR

Duas ondas primárias que se propagam simultaneamente segundo uma mesma trajetória, porém vibrando em planos perpendiculares entre si, não são capazes de se interferirem mutuamente, a menos que sejam forçadas a vibrar em um mesmo plano. Nessa situação, a onda resultante será a soma vetorial de todos os pontos das ondas originais $r1$ e $r2$ (Fig. 2.12). Observar que essa é a função do analisador do microscópio, e, para que através dele só passem ondas resultantes devido à interferência de ondas primárias, ele está orientado de forma que a sua direção de polarização esteja a 90° do polarizador inferior.

5.1.3 CÁLCULO DA DIFERENÇA DE TRAJETÓRIA OU DE PERCURSO OU ATRASO (Δ)

A luz polarizada incidindo sobre a superfície de um mineral anisotrópico colocado na platina do microscópio, ao atravessá-lo, será desdobrada em dois raios que vibram em planos perpendiculares entre si. Esses dois raios possuem velocidades de propagação diferentes, proporcionais aos raios rápido e lento. Supor que a velocidade de propagação do raio rápido no mineral seja igual a V, e a do raio lento, igual a v, cujos índices de refração seriam então, respectivamente, n e N. Ao atravessarem o mineral de espessura igual a e, como $V > v$, é claro que o raio rápido (V) atingirá a face superior do cristal em um intervalo de tempo menor que o raio lento (v).

Agora, supondo tR e tL, respectivamente, os tempos gastos para que os raios rápido e lento atinjam a superfície do cristal de espessura igual a e, e como $tR < tL$, o raio rápido (tR) atingirá a face superior do cristal em um intervalo de tempo menor que o raio lento (tL). Assim, o mineral teria promovido um atraso ou uma diferença de percurso Δ entre esses dois raios, ou seja, quando o raio lento atingisse a superfície superior do mineral, o rápido teria percorrido uma distância no ar proporcional a Δ (Fig. 5.3) e seria então:

$$\Delta = c(tL - tR) \tag{5.1}$$

em que c = velocidade da luz no ar ou no vácuo.

As velocidades dos raios rápido e lento do mineral corresponderiam a:

$$V = \frac{e}{tR} \quad \text{e} \quad v = \frac{e}{tL} \tag{5.2}$$

Substituindo a Eq. 5.2 na Eq. 5.1, tem-se:

ou

$$\Delta = c\left(\frac{e}{v} - \frac{e}{V}\right) \quad (5.3)$$

$$\Delta = e\left(\frac{c}{v} - \frac{c}{V}\right) \quad (5.4)$$

Mas:

$$\frac{c}{v} = N \quad e \quad \frac{c}{V} = n \quad (5.5)$$

Então, substituindo a Eq. 5.5 na Eq. 5.1, obtém-se:

$$\Delta = e(N - n) \quad (5.6)$$

Essa equação indica que a diferença de trajetória ou atraso entre os raios rápido e lento, ao atravessarem o mineral, é função da espessura do mineral e da diferença entre os índices de refração das suas diferentes direções privilegiadas. O atraso é dado normalmente em mµ.

5.2 CORES DE INTERFERÊNCIA

As cores de interferência exibidas por um fragmento de mineral sob nicóis cruzados são devidas às diferenças de percurso (Δ) provocadas pelo mineral aos dois conjuntos de onda que emergem do cristal e vibram em planos ortogonais entre si. Dessa forma, como mostra a Eq. 5.3, o atraso, ou a cor de interferência de certo grão mineral, será proporcional à sua espessura (e) e à diferença entre os seus índices de refração (birrefringência : $N - n = \delta$).

Observar que a Eq. 5.6 corresponde à equação de uma reta, sendo possível escrever:

$$e = \quad 1/(N-n) \quad \Delta \quad +0$$
$$y = \quad a \quad x \quad +b$$

em que no eixo das abcissas estariam representados os valores do atraso (Δ), e, no das ordenadas, os valores das espessuras (e), e $(N - n)$ corresponderia ao coeficiente angular da reta (Fig. 5.4). Notar que a reta represen-

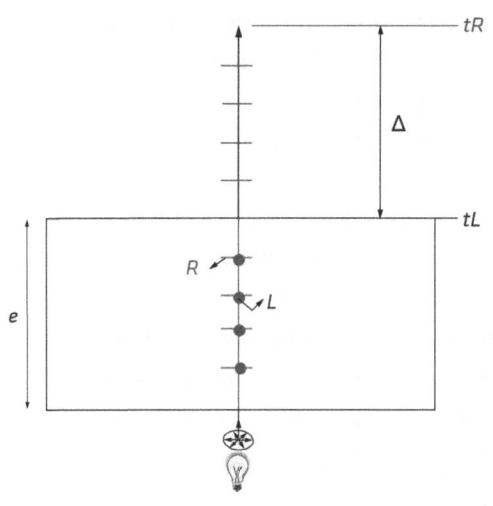

FIG. 5.3 Um raio de luz, ao atingir a superfície inferior do mineral (com espessura e), sofre dupla refração, surgindo dois raios, um lento, que vibra no plano de incidência, e um rápido (R), ortogonal ao primeiro. O raio rápido atinge as superfícies do mineral em um tempo tR. Quando o raio lento atingir a superfície, em um tempo tL, o raio rápido terá percorrido uma distância Δ. Observar que ambos os raios têm comportamento ordinário

tada por essa equação passaria pela origem, pois o valor de *b* da reta seria igual a zero.

Variando dois coeficientes dessa expressão, pode-se obter um conjunto de retas acompanhado de um conjunto de cores de interferência, conforme mostrado na Fig. 5.5, que constitui a chamada carta de cores de Michael-Levy.

Assim, as cores de interferência produzidas por diferença de percurso são (ver Anexo A1):

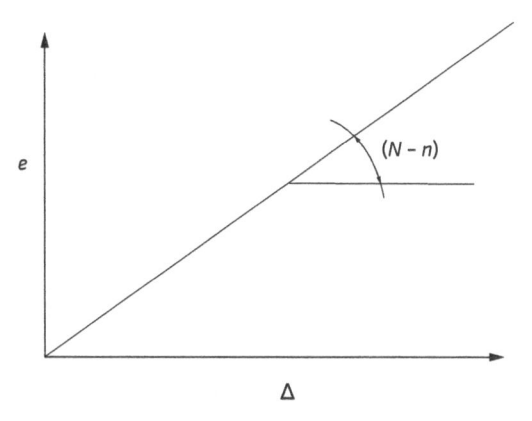

FIG. 5.4 Representação gráfica da equação $\Delta = e(N - n)$, que configura uma reta. É nessa equação que se baseia a carta de cores de interferência

- $\Delta = 0\text{-}550$ mµ – cores de primeira ordem: preto, cinza, amarelo, vermelho.
- $\Delta = 550\text{-}1.100$ mµ – cores de segunda ordem: violeta, azul, verde, amarelo, laranja, vermelho.
- $\Delta = 1.100\text{-}1.650$ mµ – cores de terceira ordem: azul, verde, amarelo, vermelho.
- $\Delta > 1.650$ mµ – cores de quarta ordem e acima: tonalidades de verde e vermelho.

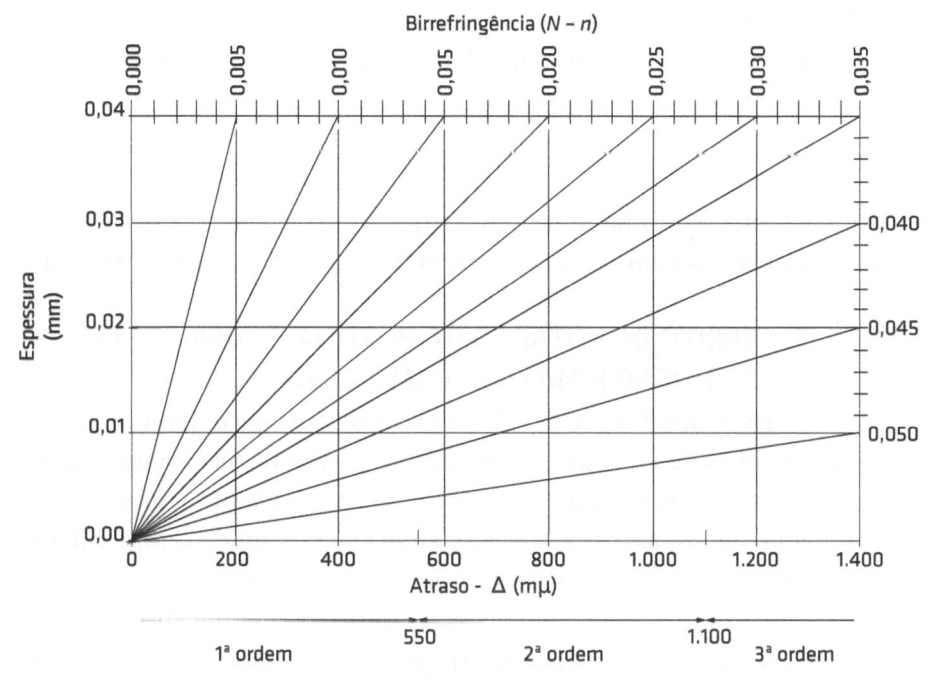

FIG. 5.5 Principais elementos que constituem a carta de cores. Observar que cada ordem corresponde a um intervalo de 550 mµ, que equivale à média dos comprimentos de onda da luz visível, aproximadamente igual ao comprimento da onda emitida por uma fonte de luz monocromática de vapor de sódio

Cada ordem de que consiste a carta de cores de Michael-Levy é separada pela cor vermelha, que se repete a cada intervalo de um comprimento de onda ou 550 mµ. Observar que há várias cores que se repetem diversas vezes, como o amarelo, que aparece na primeira (Δ = 260 mµ), segunda (Δ = 890 mµ) e terceira ordem (Δ = 1.140 mµ). Há também o caso de cores que são observadas apenas em uma ordem, como o preto, o cinza e suas tonalidades, que ocorrem apenas na primeira ordem.

A repetição de certas cores de interferência em diferentes ordens pode ser explicada por meio de um mineral anisotrópico em forma de cunha, ou seja, com espessura variável e de forma contínua, como ilustra a Fig. 5.6. Enquanto a espessura de cunha produzir uma diferença de fase igual a:

$$\left(\frac{2n+1}{2}\right)$$

Haverá passagem de luz através do analisador a uma taxa de transmissão T equivalente a:

$$T = (\text{sen}^2 180° \, i) \times 100$$

em que i = número inteiro correspondente à diferença de fase entre os raios de luz lento e rápido que deixam o mineral.

Essa expressão é válida caso se admita que os polarizadores estão orientados a 90° entre si e o mineral está em sua posição de máxima iluminação.

Observar que T assume um valor máximo quando $i = \left(\frac{2n+1}{2}\right)\lambda$ (n = número inteiro qualquer), ou seja, quando a interferência da luz assume um caráter destrutivo.

Por outro lado, quando $i = n\lambda$, ou seja, a interferência entre dois raios de luz que deixam o mineral produzir uma interferência construtiva, conforme mostra a Fig. 5.6, com $T = 0$, não haverá passagem de luz pelo analisador.

5.3 EFEITO DA ROTAÇÃO DA PLATINA E POSIÇÕES DE EXTINÇÃO E MÁXIMA LUMINOSIDADE

Como já visto, um fragmento de mineral anisotrópico apresenta duas direções principais de vibração, ou duas direções privilegiadas (associadas a dois índices de refração principais), denominadas raios lento e rápido, que fazem um ângulo de 90° entre si. Isso só não ocorrerá quando o mineral seccionar a indicatriz segundo a direção de uma seção circular, caso em que conterá apenas um único índice de refração (nω, para os minerais uniaxiais, e $n\beta$, para os minerais biaxiais). Dependendo da posição dos raios lento e rápido em relação às direções de vibração do polarizador inferior e do analisador, que pode ser alterada por meio do movimento de rotação da platina, haverá as seguintes situações extremas:

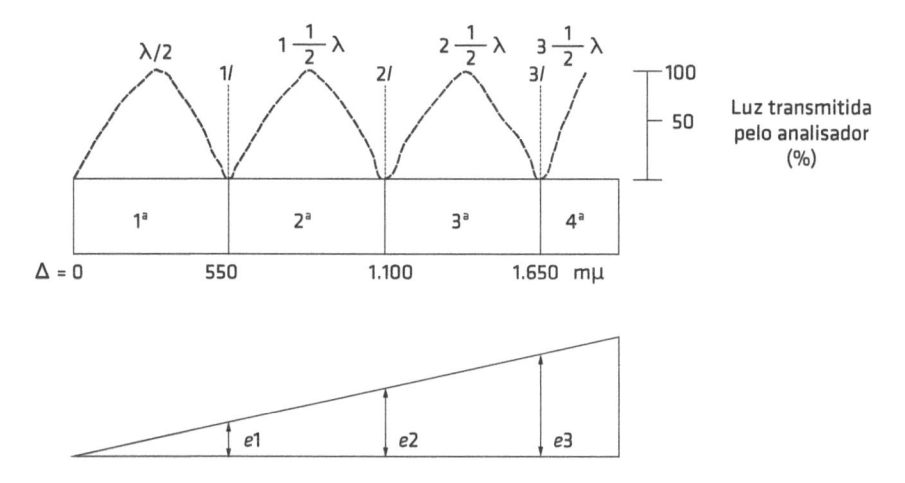

FIG. 5.6 Cunha de um mineral anisotrópico observada sob nicóis cruzados mostrando que, quando sua espessura (e) for tal de modo a produzir uma interferência construtiva (nλ), não haverá passagem de luz pelo analisador; ao contrário, quando a interferência for destrutiva, $i = (\frac{2n+1}{2})\lambda$

▶ *Posição de extinção*: é quando as direções de vibração do mineral (ou direções privilegiadas) coincidem com as direções de vibração do polarizador e do analisador. Nessa situação, o raio de luz que deixa o polarizador vibrando segundo uma certa direção (P-P) atravessará o mineral ao incidir nele e continuará vibrando segundo a mesma direção, porque coincide com uma direção privilegiada do mineral (a do raio lento ou a do raio rápido). Ao atingir o analisador, o raio será totalmente absorvido, pois está polarizado perpendicularmente a ele e nenhuma luz será transmitida ao observador (Fig. 5.7). Diz-se que o mineral nessa situação está extinto ou em posição de extinção.

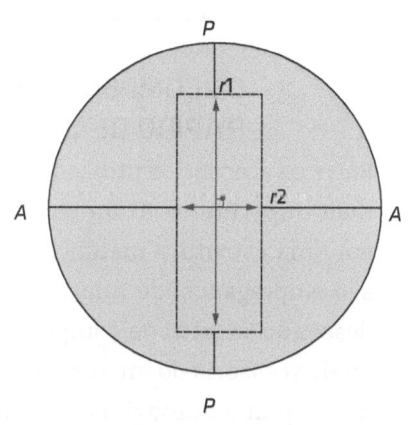

FIG. 5.7 Mineral em posição de extinção, em que suas direções de vibração, r1 e r2, estão paralelas ao polarizador e ao analisador

▶ *Posição de máxima iluminação*: na situação em que as duas direções de vibração (r1 e r2) do mineral formarem um ângulo de 45° com o analisador e o polarizador, o mineral apresentará a máxima luminosidade, pois a onda resultante será a soma vetorial dessas duas direções, que, por sua vez, coincidirão com a direção de vibração do analisador (Fig. 5.8). Diz-se que o mineral orientado nessas condições está em sua posição de máxima iluminação ou luminosidade.

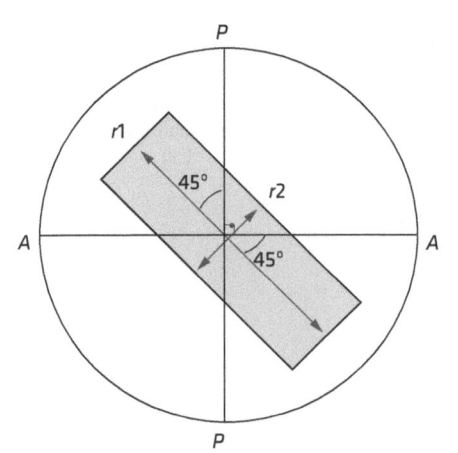

FIG. 5.8 Mineral em posição de máxima iluminação. Notar que a soma vetorial de suas direções de vibração, $r1$ e $r2$, faz um ângulo de 45° com os dois polarizadores (AA e PP)

Observar também que a soma vetorial de $r1$ com $r2$ produz uma resultante R que é coincidente com a direção do analisador (AA).

Qualquer outra posição dos planos de vibração do mineral em relação ao polarizador e ao analisador que seja diferente daquelas extremas (extinção e máxima luminosidade) fará com que o mineral exiba uma iluminação intermediária entre ambas.

Na prática, para localizar as posições dos dois planos de vibração do mineral, ele é trazido à posição de extinção pela rotação da platina. Nessa posição, os planos de vibração do analisador e do polarizador são paralelos aos planos de vibração do mineral. Se, a partir dessa posição, rotacionar-se a platina em 45° (no sentido horário ou anti-horário), atinge-se a posição de máxima luminosidade do mineral, ou seja, as direções de vibração do mineral estarão a 45° daquelas do analisador e do polarizador.

5.4 OS COMPENSADORES E AS POSIÇÕES DOS RAIOS LENTO E RÁPIDO DE UM MINERAL

Entre os acessórios utilizados em Mineralogia Óptica, os compensadores são os mais importantes. Trata-se de placas de minerais montadas de forma orientada em uma estrutura metálica que lhes dá suporte. Três tipos de compensadores são empregados: de mica, de gipso ou quartzo, e cunha de quartzo. Cada um desses acessórios de compensação está dimensionado para ser introduzido na fenda acessória do microscópio, imediatamente abaixo do analisador, de modo a interceptar e interagir com todos os raios de luz provenientes do mineral.

Os compensadores inserem-se no conjunto óptico do microscópio segundo a direção NW-SE, ou seja, formando um ângulo de 45° com os polarizadores. Como todo material anisotrópico, os compensadores possuem duas direções privilegiadas de propagação da luz, perpendiculares entre si. Uma delas corresponde ao índice de refração maior e é denominada direção lenta, enquanto a outra equivale ao índice de refração menor e recebe o nome de direção rápida.

Os compensadores são construídos de tal forma que, paralelamente à sua direção de maior dimensão, tem-se a direção de maior velocidade de propagação da luz (raio rápido) e, portanto, a 90° dessa posição, ou segundo a direção de menor dimensão do compensador, tem-se o raio lento (ou o de menor velocidade). Geralmente, acha-se gravada no corpo metálico desses compensadores somente a direção de menor velocidade, com uma seta e pela letra γ (direção do raio lento), conforme mostram as Figs. 5.9 a 5.11.

A principal função desses compensadores é acentuar ou compensar o atraso entre os raios lento e rápido que emergem do mineral em análise na platina do microscópio. O atraso produzido pelo compensador de mica é de ¼λ ou 140 mμ, enquanto aquele produzido pelo compensador de quartzo ou gipso é de 1λ ou 550 mμ (Figs. 5.9 e 5.10, respectivamente). Caso se consulte a carta de cores (Anexo A1), será verificado que 140 mμ correspondem à cor cinza, e 550 mμ, à cor vermelha. Se sob nicóis cruzados e com uma substância isotrópica entre os polarizadores for inserido um desses compensadores na fenda acessória do microscópio, será observada a cor de interferência característica dele.

A cunha de quartzo, ao contrário dos outros compensadores, possui uma espessura variável, de modo a produzir um atraso progressivo de (1/2)λ (na porção mais delgada) a 3λ (na porção mais grossa) (Fig. 5.11), já correspondendo a cores de interferência de terceira ordem. Ela é introduzida na fenda acessória a partir de sua parte menos espessa.

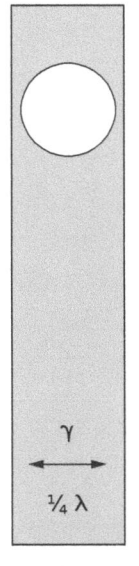

Fig. 5.9 Compensador de mica, caracterizado por uma porção metálica onde está assinalado o atraso (¼λ), a direção do raio lento (γ) e o círculo branco que sustenta a placa do mineral de espessura constante

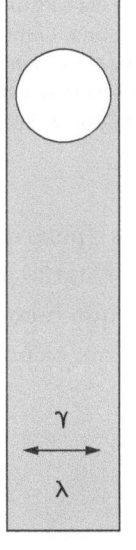

Fig. 5.10 Compensador de gipso ou quartzo, caracterizado por uma porção metálica onde está assinalado o atraso (1λ), a direção do raio lento (γ) e o círculo branco que sustenta a placa do mineral de espessura constante

De maneira geral, o compensador de mica é especialmente útil para minerais cuja cor de interferência é baixa; o compensador de gipso ou quartzo, para minerais cuja cor de interferência é muito baixa a intermediária; e a cunha de quartzo, para minerais cuja cor de interferência é muito alta.

Utilizam-se esses acessórios na determinação dos raios lento e rápido dos minerais, na avaliação da ordem de uma cor de interferência e na conoscopia (ver Cap. 6).

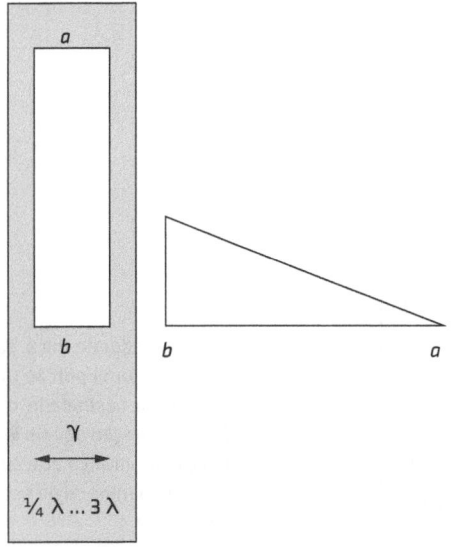

Fig. 5.11 Cunha de quartzo mostrando a variação de espessuras em perfil. Observar que ela é introduzida a partir de sua parte mais fina. Como nos demais compensadores, a cunha está orientada de forma que seu raio lento seja paralelo à porção mais estreita, assinalada por γ. Seu atraso é de (1/2)λ a 3λ

5.4.1 DETERMINAÇÃO DOS RAIOS LENTO E RÁPIDO DE UM MINERAL

Um raio de luz, ao atravessar um mineral anisotrópico, divide-se em dois outros que vibram em planos perpendiculares entre si, propagando-se a velocidades diferentes. Após atravessarem o mineral de espessura e, esses dois raios apresentam uma diferença de caminhamento $\Delta = e(N - n)$. Quando o mineral está extinto, as suas duas direções privilegiadas de vibração estão paralelas ao analisador e ao polarizador do microscópio (Fig. 5.12A).

Girando-se a platina do microscópio em 45° a partir da posição de extinção, o mineral estará em posição de máxima iluminação, a 45° das direções dos polarizadores (polarizador inferior e analisador), e as suas duas direções privilegiadas estarão paralelas aos raios lento e rápido do acessório (Fig. 5.12B). Observar que o compensador é inserido no sistema óptico segundo um ângulo de 45° com os polarizadores do microscópio.

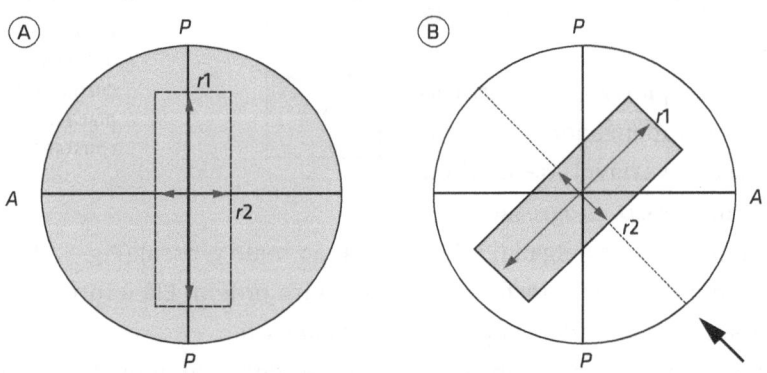

Fig. 5.12 Mineral em posição de (A) extinção e (B) máxima iluminação

Após isso, duas situações podem ocorrer com a introdução do acessório:
1 Adição das diferenças de caminhamento produzidas pelo mineral $\Delta 1$ e pelo acessório Δa, dando uma diferença de caminhamento total $\Delta 2 = \Delta 1 + \Delta a$, e a cor de interferência resultante aumentará em um valor

proporcional ao atraso produzido pelo compensador. Com isso, diz-se que houve adição nas suas cores de interferência (Fig. 5.13).

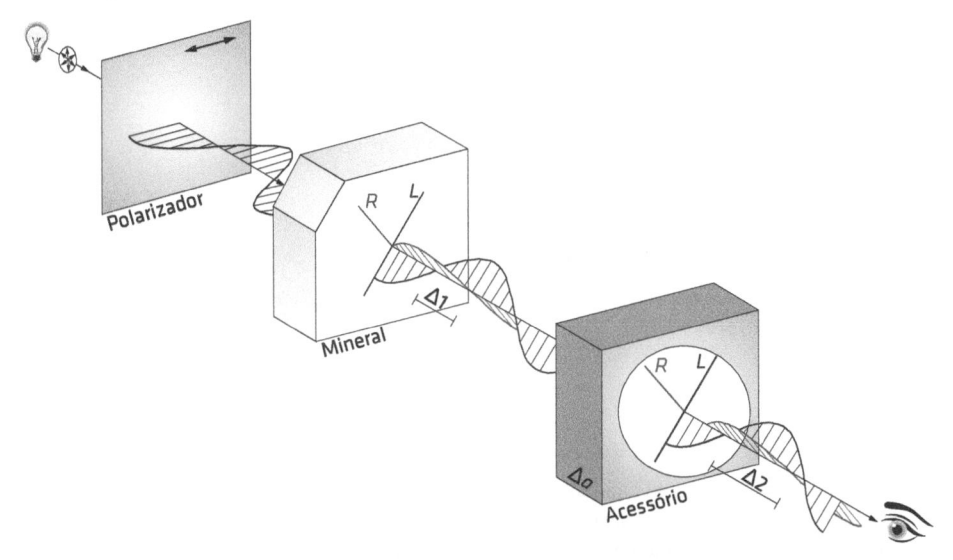

Fig. 5.13 O raio de luz que deixa o polarizador vibrando segundo um plano horizontal, ao incidir no mineral, sofre o fenômeno da dupla refração, surgindo dois raios, R e L, com direções de vibração ortogonais entre si e atrasadas em Δ1. Quando os raios lento e rápido do mineral incidem no acessório, suas direções coincidem com aquelas do compensador e, com isso, o atraso Δ1 passa a ser maior, ou seja, Δ2
Fonte: modificado de Nesse (2004).

2   Subtração das diferenças de caminhamento, dando uma diferença total de Δ3 = Δ1 − Δa, e a cor de interferência resultante do mineral será de ordem inferior à original. Portanto, houve subtração nas cores de interferência (Fig. 5.14).

Explica-se que a adição das cores de interferência ocorre quando a direção do raio lento do mineral for paralela à direção do raio lento do acessório. Nesse caso, o raio lento e o raio rápido, ao emergirem do mineral, apresentam um atraso Δ1. Quando esses raios penetrarem no acessório, o raio lento proveniente do mineral se propagará vibrando segundo a direção lenta do acessório e, portanto, ao sair dele percorrerá uma distância ainda menor do que aquela de quando emergiu do mineral, em relação ao raio rápido (Δ2). Então, a diferença de caminhamento pelo acessório é adicionada àquela produzida pelo mineral (Fig. 5.13).

Por outro lado, quando se verifica subtração nas cores de interferência do mineral, os seus raios lento e rápido são paralelos, respectivamente, aos raios rápido e lento do acessório. Com isso, haverá uma diminuição muito mais acentuada do raio rápido proveniente do mineral do que daquele lento (que atravessa o compensador segundo sua direção rápida). Como resultado, ocorrerá diminuição ou compensação no atraso entre os dois raios e, assim, subtração na cor de interferência observada (Δ3) (Fig. 5.14).

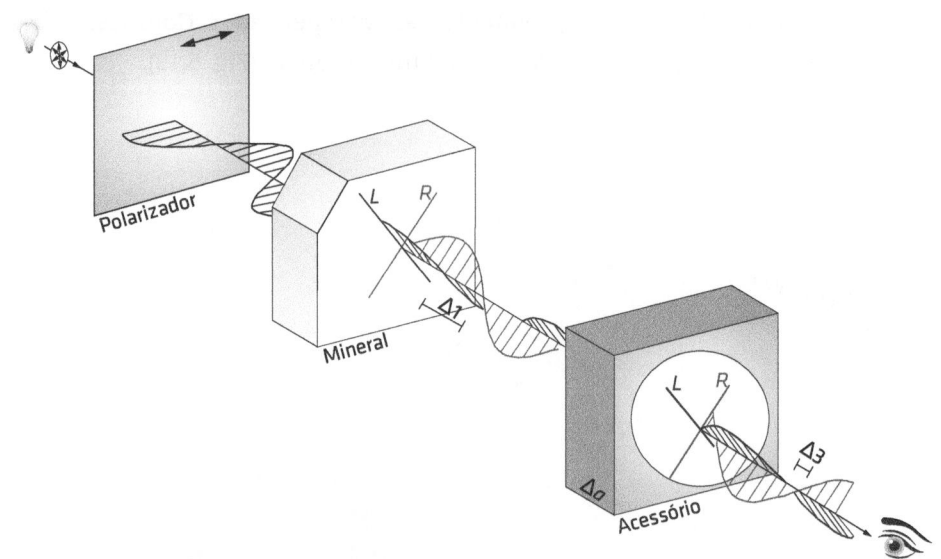

FIG. 5.14 O raio de luz deixa o polarizador vibrando segundo um plano horizontal que, ao coincidir no mineral, sofre o fenômeno da dupla refração, surgindo dois raios, R e L, com direções de vibração ortogonais entre si e atrasadas em $\Delta 1$. Quando os raios lento e rápido do mineral incidem no acessório, suas direções não coincidem com aquelas do compensador e, com isso, o atraso $\Delta 1$ passa a ser menor, ou seja, $\Delta 3$
Fonte: modificado de Nesse (2004).

FIG. 5.15 Esquema de um mineral em posição de máxima iluminação que mostrará adição nas cores de interferência quando inserido o compensador, uma vez que as direções lenta (L) e rápida (R) do mineral coincidirão com aquelas lenta (γ) e rápida do compensador

Na prática, a determinação da posição dos raios lento e rápido de um mineral é feita girando-se a platina do microscópio até a sua posição de extinção, onde as suas duas direções de vibração estão paralelas às direções de vibração do polarizador e do analisador. A partir dessa posição, gira-se a platina do microscópio em 45°, atingindo-se a posição de máxima luminosidade, e, desse modo, as direções de vibração do mineral ficam paralelas àquelas do acessório. Quando o acessório é introduzido no sistema óptico, pode-se verificar:

1 *Adição das cores de interferência*: os raios lento e rápido do mineral coincidem com os raios lento e rápido do acessório (Fig. 5.15).

2 *Subtração das cores de interferência*: os raios lento e rápido do mineral coincidem com os raios rápido e lento do acessório (Fig. 5.16).

A utilização da cunha de quartzo na determinação dos raios lento e rápido é também bastante útil. Na maioria das vezes, as bordas dos minerais apresentam-se na forma de cunha. Como a birrefringência de certo grão mineral é proporcional à sua espessura, verifica-se uma variação de cores nessa região que segue a carta de cores (Anexo A1), por exemplo, cinza, amarela, laranja, vermelha e azul, entre outras.

Quando se introduz a cunha de quartzo no sistema óptico, a diferença de caminhamento final total entre os raios lento e rápido que emergem para o observador será proporcional à soma de atrasos devidos ao mineral e à cunha de quartzo.

Assim sendo, quando os raios lento e rápido do mineral coincidem com os da cunha de quartzo, ao introduzir esse compensador, tem-se a sensação de que as cores de interferência se movimentam para fora do mineral, indicando que houve adição nas cores de interferência (Fig. 5.17).

Quando os raios lento e rápido do mineral coincidem, respectivamente, com os raios rápido e lento da cunha, será verificado o efeito de subtração nas cores de interferência com a introdução da cunha, tendo-se a sensação de que as cores de interferência se movimentam para dentro do mineral (Fig. 5.18).

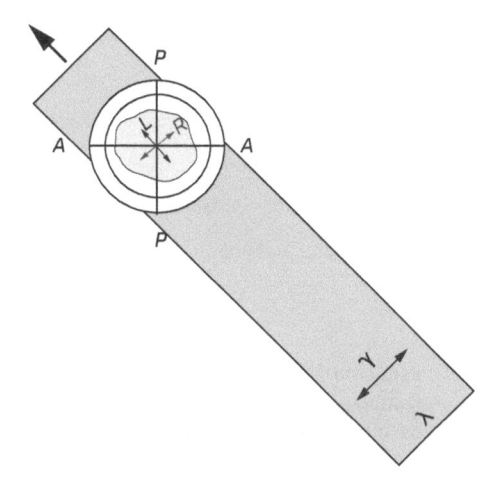

FIG. 5.16 Esquema de um mineral em posição de máxima iluminação que mostrará subtração nas cores de interferência quando inserido o compensador, uma vez que as direções lenta (L) e rápida (R) do mineral não coincidirão com aquelas lenta (γ) e rápida do compensador

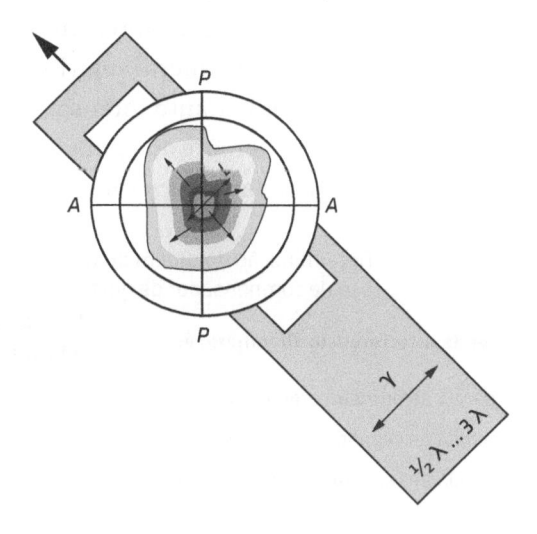

5.5 DETERMINAÇÃO DA ORDEM DE CERTA COR DE INTERFERÊNCIA

A determinação da ordem de uma cor de interferência deve ser feita por meio do uso de compensadores.

FIG. 5.17 Esquema de um mineral em posição de máxima iluminação mostrando adição nas cores de interferência quando inserida a cunha de quartzo, com as cores de interferência movimentando-se para fora do mineral, uma vez que o compensador é introduzido no sistema com suas direções lenta (γ) e rápida coincidindo com aquelas lenta (L) e rápida (R) do mineral

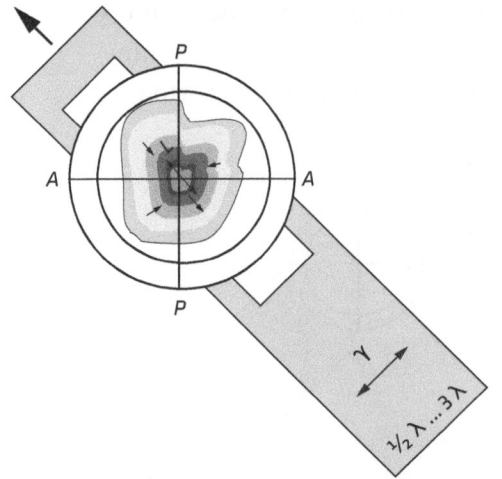

Fig. 5.18 Esquema de um mineral em posição de máxima iluminação mostrando subtração nas cores de interferência quando inserida a cunha de quartzo, com as cores de interferência movimentando-se para dentro do mineral, uma vez que o compensador é introduzido no sistema com suas direções lenta (γ) e rápida coincidindo com aquelas rápida (R) e lenta (L) do mineral

Considere-se, por exemplo, um mineral que apresenta uma cor de interferência amarela. Ao verificar a carta de cores, constata-se que há a cor amarela em primeira, segunda e terceira ordens. Utilizando-se um compensador de gipso, leva-se o mineral à posição de extinção, rotaciona-se a platina em 45°, procurando-se a posição de máxima iluminação, e então se insere o compensador, com os possíveis resultados listados no Quadro 5.1.

5.5.1 CORES DE INTERFERÊNCIA ANÔMALAS

Cores de interferência anômalas são aquelas cujos matizes não se encontram na carta de cores (Anexo A1). Elas podem ser causadas por dois motivos:

1 Minerais que apresentam cor natural muito forte. Como exemplo, tem-se o mineral aegirina, um clinopiroxênio sódico que exibe cor natural verde muito intensa. Com isso, as cores de interferência observadas serão sempre adicionadas a essa cor natural do mineral, imprimindo-lhe tonalidades esverdeadas.

Quadro 5.1 Determinação da ordem de uma cor de interferência de três minerais quaisquer com o uso de compensador de gipso

A cor de interferência do mineral é:	A cor de interferência amarela se tornará:	
	−550 mµ	+550 mµ
Amarela de primeira ordem (300 mµ)	Cinza (250 mµ)	Verde (850 mµ)
Amarela de segunda ordem (900 mµ)	Amarela (350 mµ)	Amarela (1.450 mµ)
Amarela de terceira ordem (15.000 mµ)	Laranja (950 mµ)	Vermelha (2.050 mµ)

2 Minerais com dispersão variada dos índices de refração: existem alguns minerais que apresentam valores muito distintos de índices de refração para os diferentes comprimentos de onda que compõem a luz branca incidente. Essa dispersão nos índices de refração dos raios rápido e lento que deixam o mineral pode ser muito grande ou muito pequena. No último caso, o mineral poderá ter comportamento de uma

substância isótropa para certos comprimentos de onda, ou seja, as cores correspondentes serão completamente absorvidas pelo cristal. Com isso, esses comprimentos de onda que faltarão na composição espectral da luz branca (da luz incidente no mineral) levarão ao surgimento de tonalidades de cores diferentes daquelas observadas na carta de cores. Como exemplo, tem-se o mineral epidoto, um nesossilicato cálcico que apresenta cores anormais devidas a tonalidades azul-arroxeadas assumidas pela forte absorção desses comprimentos de onda pelo mineral.

5.6 BIRREFRINGÊNCIA

Um raio de luz polarizado, ao atravessar um mineral anisotrópico orientado adequadamente, sofre o fenômeno da dupla refração, com o aparecimento de dois raios refratados, um rápido e outro lento, cujas velocidades são inversamente proporcionais aos índices de refração associados àquela seção do mineral. A diferença numérica entre os valores máximo (N) e mínimo (n) dos índices de refração de um mineral recebe o nome de birrefringência.

Conforme já visto, a cor de interferência apresentada por certo mineral anisotrópico, que corresponde à diferença de percurso ou atraso (Δ) entre os raios rápido e lento que deixam o mineral, é função de sua espessura (e) e da diferença entre os índices de refração associados à seção considerada, ou birrefringência ($N - n$).

Assim, fica evidente que, para uma mesma espécie mineral, com lâmina petrográfica de espessura constante, a birrefringência por ela apresentada dependerá unicamente de sua orientação óptica.

A birrefringência de um mineral ($N - n$) pode variar de zero a um valor máximo. O valor máximo da diferença de percurso ou atraso (Δ) corresponderá à maior diferença entre os índices de refração ($N - n$), chamada de birrefringência máxima (δ), que é aquela reportada na literatura.

5.6.1 BIRREFRINGÊNCIA DE MINERAIS ISOTRÓPICOS

Será sempre nula, pois esses minerais possuem um único índice de refração e ($n - n$) = 0.

5.6.2 BIRREFRINGÊNCIA DE MINERAIS UNIAXIAIS

Para minerais uniaxiais, a birrefringência será máxima quando eles forem cortados paralelamente à seção principal, ou seja, o eixo óptico será paralelo à platina do microscópio, e as cores de interferência serão aquelas de maior ordem. A birrefringência máxima será dada pela diferença ($n\varepsilon - n\omega$), se seu sinal óptico for positivo, ou ($n\omega - n\varepsilon$), se for negativo.

Os cristais de minerais uniaxiais cujos eixos ópticos são perpendiculares à platina do microscópio apresentam birrefringência nula ($n\omega - n\omega = 0$), e a cor de interferência será preta, independentemente da espessura e da posição em relação ao polarizador e ao analisador.

Outros cristais, cujos eixos ópticos estão em posição intermediária entre esses extremos, exibem, para uma espessura constante, cores de interferência e birrefringência intermediárias entre os dois casos descritos anteriormente.

5.6.3 BIRREFRINGÊNCIA DE MINERAIS BIAXIAIS

Os minerais biaxiais apresentam birrefringência máxima quando cortados paralelamente ao plano óptico, uma vez que nessa seção se encontram $n\gamma$ e $n\alpha$, ou seja, os índices de refração máximo e mínimo, respectivamente. Para localizar um fragmento de mineral cortado segundo essa direção, deve-se procurar aqueles que exibem cores de interferência de maior ordem em comparação aos demais.

Por outro lado, um fragmento de mineral biaxial cortado segundo uma de suas seções circulares, ou seja, a seção circular sendo paralela à platina do microscópio, possuirá birrefringência nula, pois apenas um índice de refração estará associado a essa seção – $n\beta$.

Quaisquer outras seções exibirão valores de birrefringência intermediária entre esses dois casos extremos.

5.6.4 A DETERMINAÇÃO DA BIRREFRINGÊNCIA

Teoricamente, pode-se determinar a birrefringência de qualquer grão mineral, mas somente a birrefringência máxima é que tem importância na identificação de minerais, sejam uniaxiais, sejam biaxiais. Ou seja, devem ser avaliadas somente para aqueles fragmentos que apresentam cores de interferência mais altas em comparação com os demais, uma vez que, sob essas condições, as seções devem se aproximar da seção principal, no caso de minerais uniaxiais, ou do plano óptico, no caso de minerais biaxiais.

Para a determinação da birrefringência, utiliza-se a equação $\Delta = e(N - n)$, já detalhada, cuja resolução exige o conhecimento de dois dos seus três termos. Assim, para determinar a birrefringência de um mineral, é necessário conhecer a sua cor de interferência máxima e a sua espessura.

Como exemplo, considere-se um cristal qualquer com espessura de 0,03 mm e cor de interferência máxima vermelha ($\Delta \cong 540$ mµ). Então, utilizando a carta de cores (Anexo A1), lança-se o valor da espessura no eixo das ordenadas e o atraso no eixo das abcissas e determina-se o valor da birrefringência nas retas diagonais (Fig. 5.19).

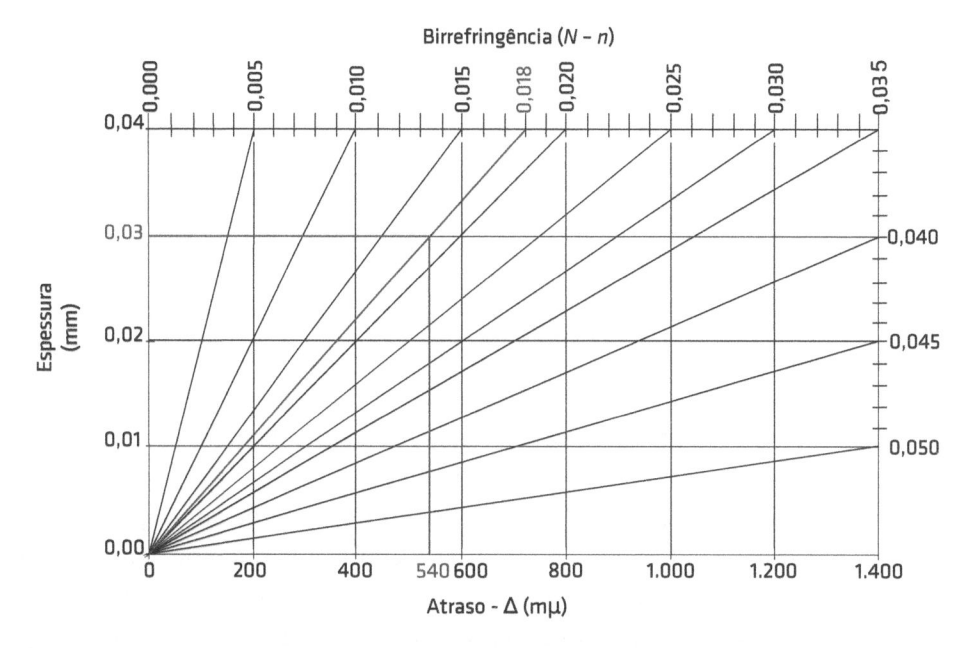

Fig. 5.19 Determinação da birrefringência máxima de um mineral cuja cor de interferência observada é de 540 mµ, e a espessura, de 0,03 mm, que definem duas retas, uma paralela ao eixo das abcissas e outra paralela ao eixo das ordenadas. A intersecção de ambas define um ponto quase unido à origem que, ao ser prolongado para o extremo superior do diagrama, fornece o valor da birrefringência, ou seja, 0,018

Cabe ressaltar que não é possível orientar o mineral na platina do microscópio de maneira a obter-se um único raio, rápido ou lento, e este exclusivamente passar através do analisador, pois, nessa situação, esse raio sairia sempre vibrando perpendicularmente ao analisador e, em consequência, o mineral estaria extinto. O que passa através do analisador é sempre uma combinação vetorial dos dois raios, lento e rápido, cuja cor é proporcional ao atraso provocado pelo cristal.

O Quadro 5.2 mostra a nomenclatura mais utilizada para os valores de birrefringência.

Quadro 5.2 Nomenclatura mais utilizada para os intervalos de valores de birrefringência

Nomenclatura	Intervalo numérico da birrefringência ($N - n$)	Cor de interferência observada para a espessura de 0,03 mm	Exemplos
Fraca	0–0,010	Cinza-claro, branco, amarelo de primeira ordem	Quartzo (0,009) e apatita (0,003)
Moderada	0,010–0,025	De vermelho de primeira ordem a verde de segunda ordem	Augita (0,025) e cianita (0,016)
Forte	0,025–0,100	Da segunda ordem superior a cores de quinta ordem	Zircão (0,062) e talco (0,040)
Muito forte	0,100–0,200	Acima da quinta ordem	Calcita (0,172)
Extrema	> 0,200	Ordens superiores	Rutilo (0,2885)

5.7 DETERMINAÇÃO DA ESPESSURA DE UM GRÃO MINERAL

Quando se conhece a birrefringência de um mineral, pode-se determinar sua espessura por meio da carta de cores (Anexo A1) ou de $\Delta = e(N - n)$.

As seções delgadas de rochas possuem uma espessura constante para todos os minerais que as constituem. Quando se quer avaliar se uma lâmina de fato está com sua espessura correta, ou seja, ≈ 0,03 mm, um mineral com birrefringência conhecida é escolhido. Normalmente, esse mineral é o quartzo, devido à sua abundância nos diferentes tipos de rocha (ígneas, metamórficas e sedimentares) e à constância de sua composição química (SiO_2). Como consequência, sua birrefringência é praticamente constante e igual a 0,009.

Como a cor de interferência de um mineral é função de sua espessura (e), na sua determinação, escolhe-se um cristal conhecido que apresente cor de interferência máxima, pois ele também terá birrefringência máxima.

Escolhido o cristal e determinada a sua cor de interferência, localiza-se a sua birrefringência na parte superior da carta de cores, ou seja, já se têm determinadas uma linha vertical (Δ) e outra diagonal ($N - n$). Na intersecção dessas duas linhas, transportada horizontalmente para o eixo das ordenadas (ou espessuras), lê-se a espessura do cristal (Fig. 5.20).

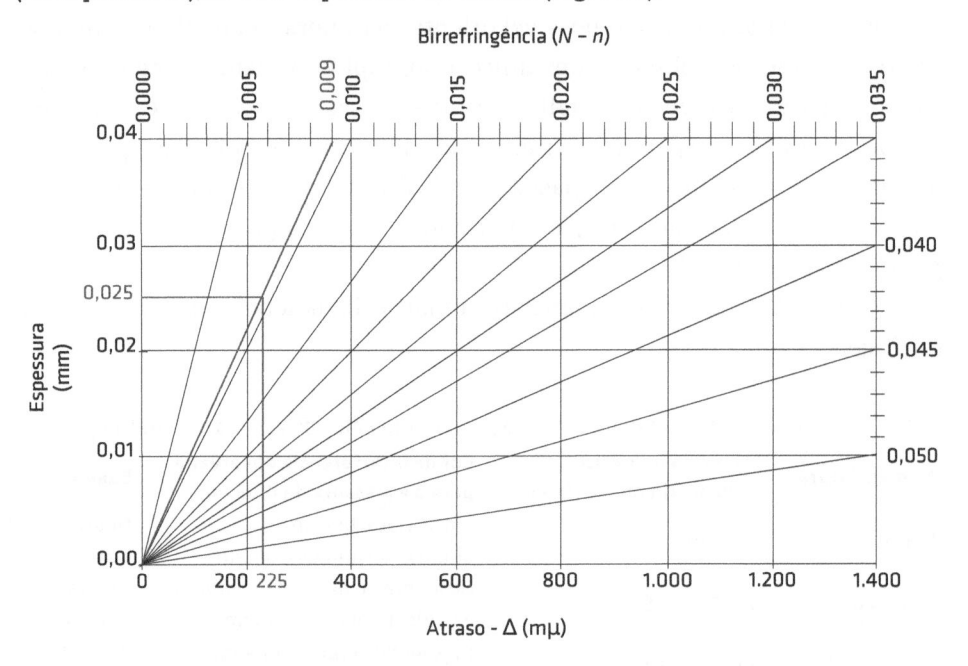

FIG. 5.20 Determinação da espessura de um mineral cuja cor de interferência observada é de 225 mμ, e a birrefringência, de 0,009, que definem duas retas. A intersecção de ambas estabelece um ponto no eixo das ordenadas que equivale à espessura, igual a 0,025. O exemplo é do mineral quartzo, com cor de interferência máxima cinza de primeira ordem (225 mμ) e ($N - n$) = 0,009

Ainda, pode-se obter o mesmo resultado matematicamente aplicando a expressão:

$$e = \frac{(N-n)}{\Delta}$$

$$e = \frac{225 \times 10^{-6}}{0{,}009}$$

então $e = 0{,}025$ mm.

5.8 ÂNGULO E TIPOS DE EXTINÇÃO

Todo mineral anisotrópico, quando observado sob nicóis cruzados, apresenta-se extinto toda vez que suas direções de vibração principais coincidirem com o polarizador e o analisador do microscópio petrográfico.

Define-se ângulo de extinção como aquele formado por uma direção cristalográfica qualquer, como traço de clivagem, plano de geminação e eixo cristalográfico, e uma direção de vibração do mineral (o raio lento ou o raio rápido), conforme mostra a Fig. 5.21.

Para medir o ângulo de extinção, gira-se a platina do microscópio de tal forma a alinhar uma direção cristalográfica com um dos retículos, anotando-se o valor da platina nessa posição. A seguir, gira-se novamente a platina até a posição de extinção do mineral, anotando-se o valor nessa nova posição. O ângulo de extinção será a diferença entre essas duas posições (Fig. 5.22).

Notar que, se o ângulo de extinção obtido for diferente de 45°, haverá dois ângulos de extinção distintos, complementares entre si (somam 90°). Por convenção, deve-se sempre utilizar o ângulo de menor valor.

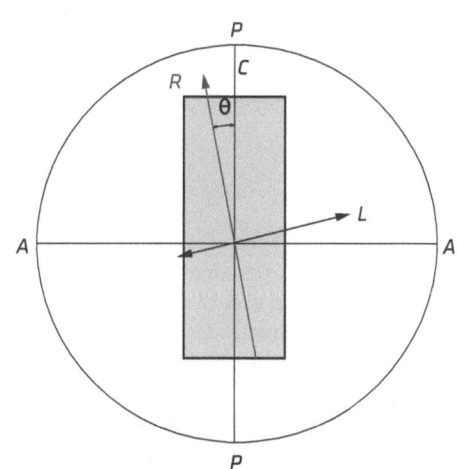

Fig. 5.21 Esquema de um mineral hipotético mostrando as relações entre uma direção cristalográfica (eixo cristalográfico C) e as direções de vibração. Observar que é o ângulo de extinção (θ), no caso do exemplo, aquele formado entre o raio rápido R e a direção do eixo C

Quanto aos tipos de extinção, eles podem ser classificados em:
- *Extinção reta ou paralela*: quando o ângulo entre a direção cristalográfica e aquelas de vibração do mineral coincidir. No caso do exemplo da Fig. 5.23, a direção cristalográfica considerada foi a de clivagem. O ângulo entre o raio rápido (R) e a direção de clivagem é de 0° e, por consequência, o ângulo do raio lento (L) com a direção de clivagem é de 90°.

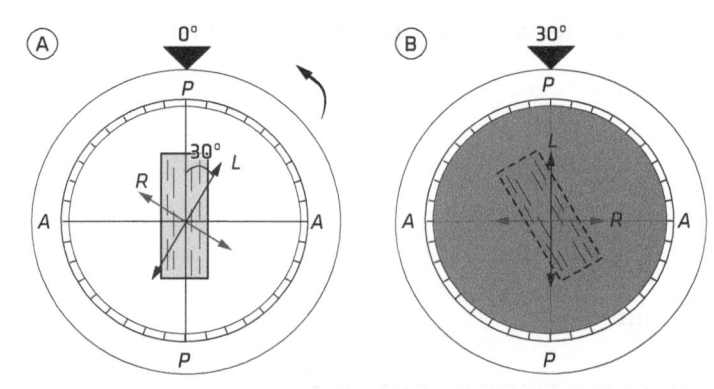

Fig. 5.22 Determinação do ângulo de extinção do mineral: (A) as direções dos traços de clivagem são alinhadas segundo o retículo norte-sul e, a seguir, com os nicóis cruzados, rotaciona-se a platina do microscópio em busca da posição de extinção; (B) o mineral encontra-se na posição de extinção, ou seja, os seus raios rápido (R) e lento (L) ficaram paralelos às direções polarizadas. O ângulo de extinção assim obtido é de 30°

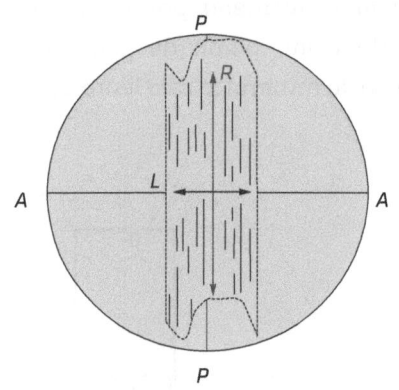

Fig. 5.23 O mineral está em posição de extinção, pois os raios rápido e lento estão paralelos ao analisador e ao polarizador, e em direção coincidente com aquela de clivagem

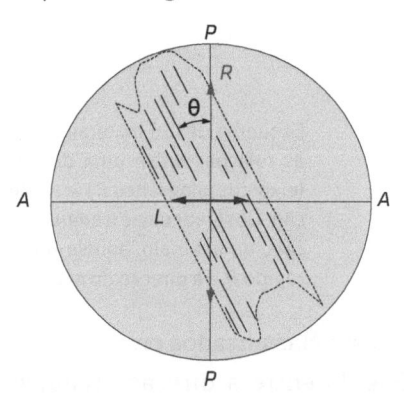

Fig. 5.24 O mineral está em posição de extinção, pois os raios rápido e lento estão paralelos ao analisador e ao polarizador. A direção não é coincidente com a direção de clivagem, criando um ângulo θ com a direção de vibração do mineral e do microscópio

▶ *Extinção inclinada ou oblíqua*: quando o ângulo entre a direção cristalográfica não coincidir com nenhuma das direções de vibração do mineral. No caso do exemplo da Fig. 5.24, a direção cristalográfica considerada foi novamente a de clivagem. O ângulo entre o raio rápido e a direção de clivagem é θ ≠ 0° e, por consequência, o ângulo do raio lento com a direção de clivagem também é diferente de 0° (além de igual a 90° − θ).

▶ *Extinção simétrica*: quando as direções de vibração dos raios rápido (R) e lento (L) se posicionam na bissetriz do ângulo formado entre duas direções cristalográficas escolhidas do mineral. No caso do exemplo da Fig. 5.25, as direções cristalográficas consideradas foram os dois traços de clivagem. O ângulo entre os traços de clivagem e qualquer uma das direções de vibração do mineral é sempre θ.

5.9 SINAL DE ELONGAÇÃO

O sinal de elongação é definido exclusivamente para minerais que apresentam hábito alongado (como prismático, acicular e tabular). Basicamente, consiste em identificar qual raio, lento ou rápido, tem sua direção de vibração paralela ou subparalela à direção de maior alongamento do mineral.

5.9.1 ELONGAÇÃO POSITIVA

Minerais com elongação positiva (em inglês, *length slow*) são aqueles em que a direção de vibração do raio lento (ou direção com maior índice de refração) é paralela ou subparalela à direção de maior alongamento do mineral, conforme demonstra a Fig. 5.26.

5.9.2 ELONGAÇÃO NEGATIVA

Minerais com elongação negativa (em inglês, *length fast*) são aqueles em que a direção de vibração do raio rápido (ou direção com menor índice de refração) é paralela ou subparalela à direção de maior alongamento do mineral, como ilustra a Fig. 5.27.

O sinal de elongação é uma propriedade óptica relevante na identificação de um mineral. No entanto, "armadilhas cristalográficas" podem surgir, fazendo com que a elongação dependa da face cristalina e da direção de corte do mineral.

Observar, na Fig. 5.28, o que pode acontecer com minerais biaxiais que apresentem hábitos prismático e tabular.

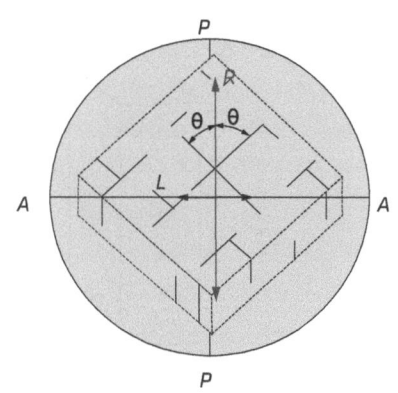

Fig. 5.25 O mineral está em posição de extinção, pois os raios rápido e lento estão paralelos ao analisador e ao polarizador. Os ângulos θ entre as duas direções escolhidas do mineral (dois traços de clivagem) e a direção de vibração do raio rápido (R) são idênticos

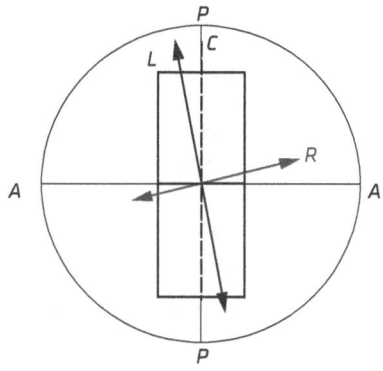

Fig. 5.26 Esquema de um mineral com elongação positiva, ou seja, em que a direção de vibração do raio lento (L) está subparalela à direção de maior alongamento do mineral

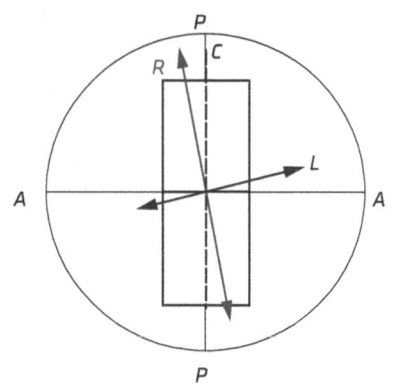

Fig. 5.27 Esquema de um mineral com elongação negativa, ou seja, em que a direção de vibração do raio rápido (R) está subparalela à direção de maior alongamento do mineral

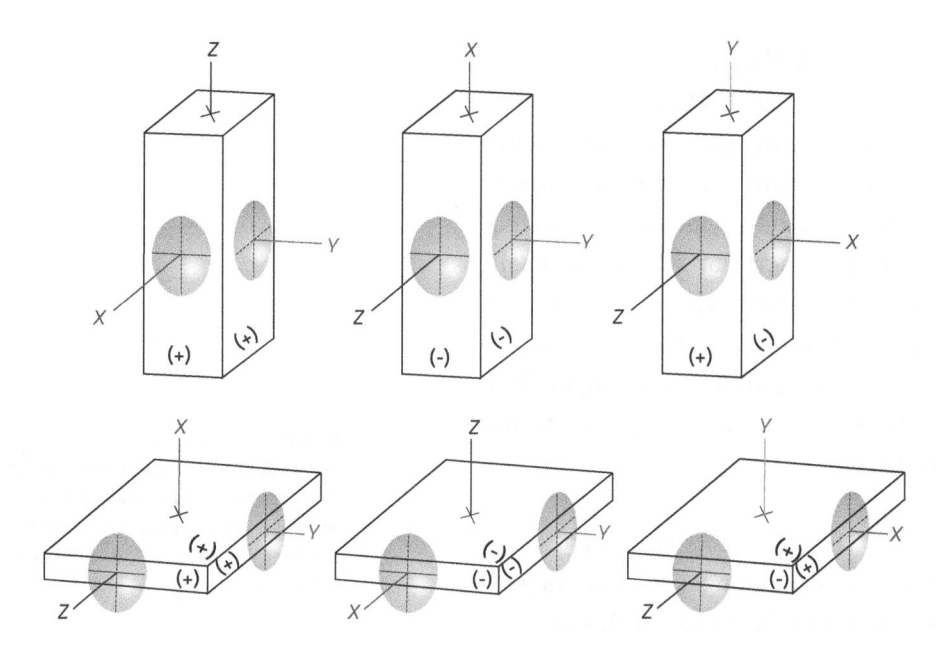

FIG. 5.28 Representação esquemática de minerais biaxiais com indicatrizes hipotéticas e hábitos prismático (superior) e tabular (inferior) onde estão assinalados seus respectivos sinais de elongação em diferentes fácies. Observar que toda vez que Y for paralelo à direção de maior alongamento do mineral, o sinal de elongação poderá ser positivo ou negativo
Fonte: modificado de Nesse (2004).

5.9.3 SINAL DE ELONGAÇÃO INDEFINIDO

Embora se estejam considerando apenas minerais com hábito alongado, há a possibilidade de indefinição do sinal de elongação quando os raios rápido e lento de um mineral estiverem dispostos a 45° da direção de seu maior alongamento. Essa característica ocorre, por exemplo, com a augita (Fig. 5.29).

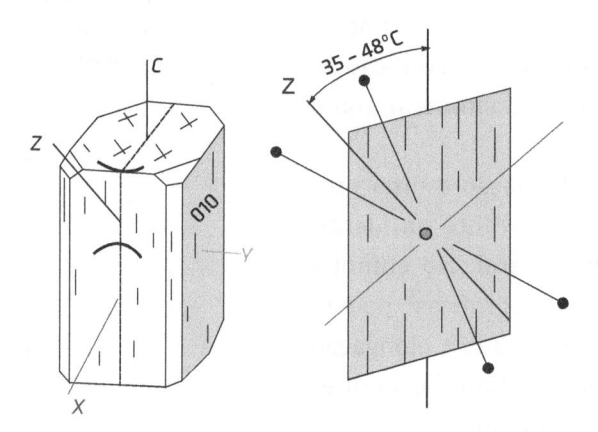

FIG. 5.29 Modelo óptico-cristalográfico de um cristal de augita. Observar, na seção do plano óptico (010), que o ângulo que a direção Z faz com a de maior comprimento do mineral (eixo cristalográfico C) assume valor próximo de 45°, levando, por consequência, a uma indefinição no sinal de elongação. Para simplificação, os eixos cristalográficos A e B não estão representados

Quando a posição desses raios não é exatamente de 45°, mas se aproxima desse ângulo, qualquer inclinação um pouco maior da seção de corte em relação a uma face longitudinal de um mineral pode levar à obtenção de sinais de elongação ora positivos, ora negativos.

6 Observação conoscópica dos minerais

O sistema conoscópico, no microscópio petrográfico, é composto de analisador, condensador móvel, lente de Amici-Bertrand e objetiva de grande aumento linear (40x a 60x). A observação conoscópica dos minerais transparentes consiste no estudo de figuras de interferência, o que permite analisar um grande número de propriedades ópticas ao mesmo tempo, entre elas:

- caráter isotrópico ou anisotrópico;
- caráter uniaxial ou biaxial;
- sinal óptico dos minerais uniaxiais e biaxiais;
- estimativa da birrefringência;
- valor aproximado do ângulo $2V$ para minerais biaxiais;
- orientação óptica dos minerais, que consiste na localização das direções ordinária e extraordinária dos minerais uniaxiais e daquelas X, Y e Z dos minerais biaxiais;
- tipos de dispersão da luz.

No sistema conoscópico, o feixe de luz proveniente do polarizador e incidente sobre a face inferior de um mineral não é paralelo, mas sim fortemente convergente, devido à atuação do condensador móvel, de tal forma que em seu interior se desenvolve um cone de luz fortemente divergente que se dirige para a lente de Amici-Bertrand (Fig. 6.1). Com isso, mesmo para um mineral com espessura constante, os raios de luz percorrem espessuras diferentes em seu interior, o que resulta no aparecimento das figuras de interferência.

Os minerais isotrópicos não geram figuras de interferência, enquanto os minerais anisotrópicos apresentam figuras de interferência de vários tipos, conforme sua natureza óptico-cristalográfica.

6.1 AS FIGURAS DE INTERFERÊNCIA DOS MINERAIS UNIAXIAIS

Toda substância anisotrópica observada sob nicóis cruzados e iluminada por um feixe de luz convergente fornece uma figura de

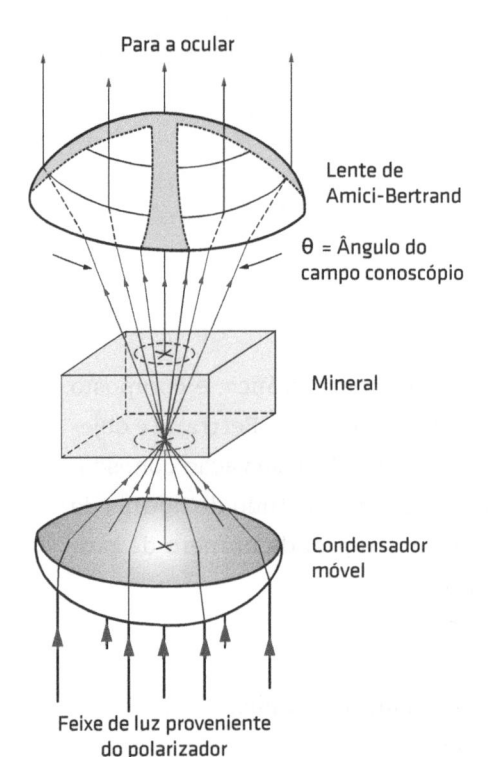

FIG. 6.1 Esquema mostrando a formação da figura de interferência na superfície da lente de Amici--Bertrand pela atuação do condensador móvel
Fonte: adaptado de Nesse (2004).

FIG. 6.2 Modelo óptico-cristalográfico simplificado do mineral berilo mostrando os tipos de figuras de interferência que podem ser obtidos dependendo da face observada. A face (0001), que corresponde à seção basal do mineral, é perpendicular ao eixo óptico e, portanto, fornece uma figura denominada eixo óptico. A face (10$\bar{1}$0) contém o eixo óptico e fornece uma figura de interferência chamada de relâmpago ou *flash*, ou ainda de normal óptica, pois é perpendicular à seção circular (0001). A face (10$\bar{1}$1) apresenta inclinação intermediária entre as outras duas, gerando, nesse caso, uma figura de interferência do tipo eixo óptico não centrado

interferência. Entretanto, na Mineralogia Óptica, interessam aquelas figuras que tenham definição suficiente para a obtenção inequívoca das informações desejadas, em especial o caráter e o sinal óptico do mineral.

Essas figuras de interferência fornecidas por um mineral dependerão dos elementos ópticos envolvidos nas seções analisadas.

Via de regra, essas figuras recebem os nomes dos elementos ópticos que são perpendiculares às seções em análise.

Assim, observar que certo mineral uniaxial hipotético (no caso, o berilo), representado com suas diferentes faces no esquema da Fig. 6.2, poderá exibir três tipos de figuras de interferência principais, denominados eixo óptico centrado, eixo óptico não centrado, e *flash* ou relâmpago.

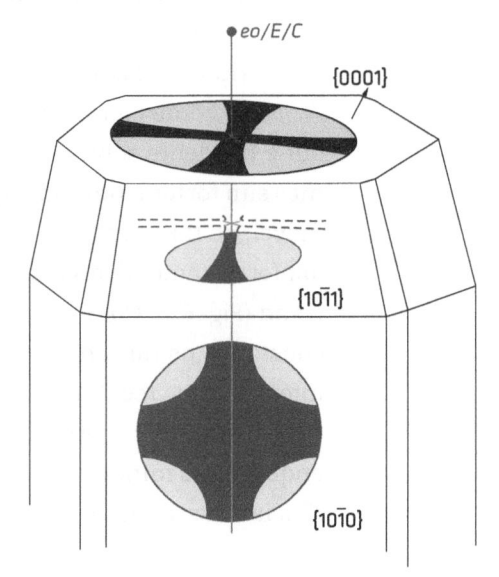

6.1.1 FIGURA DE EIXO ÓPTICO CENTRADO

Um mineral uniaxial com elipse de intersecção paralela à seção circular terá seu eixo óptico disposto perpendicularmente ao plano da platina e, portanto, apresentará apenas uma direção da indicatriz O ou um índice de refração associado, ou seja, $n\omega$ (Figs. 6.3 e 3.4). Um fragmento de certa espécie mineral exibirá esse tipo de figura de interferência quando, sob nicóis cruzados, mostrar-se sempre escuro (extinto) com a rotação da platina.

A Fig. 6.3 apresenta uma cruz escura e nítida que permanece imóvel quando se gira a platina. O centro da cruz corresponde ao ponto de emergência do eixo óptico, que é denominado melatopo, e os ramos da cruz constituem as isógiras, que determinam quatro quadrantes na figura de interferência: NE, SE, NW e SW (Fig. 6.4).

Quando a birrefringência do mineral é alta ou a sua espessura é grande, aparecem na figura de interferência linhas coloridas concêntricas em relação ao melatopo, denominadas *linhas isocromáticas*. Se a birrefringência do mineral é baixa ou a sua espessura é pequena, essas linhas são substituídas por manchas de cores de interferência de baixa ordem nos diferentes quadrantes. Assim sendo, no caso de a espessura de um mineral ser conhecida, a presença ou não das linhas isocromáticas é indicadora da birrefringência do mineral.

No que concerne à formação da figura de interferência, os raios de luz que atravessam o mineral no sistema conoscópico são divergentes, e pode-se considerá-los formando várias superfícies cônicas concêntricas em relação ao eixo óptico do mineral, que estariam dispostas perpendicularmente à platina (Fig. 6.5). Nessa figura, os raios que formam

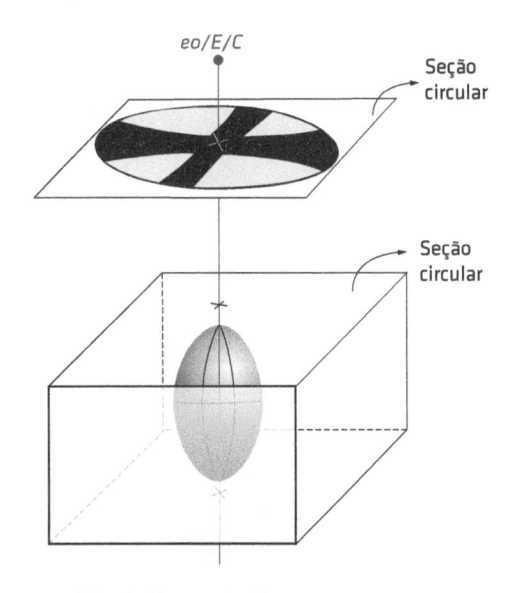

FIG. 6.3 Eixo óptico centrado

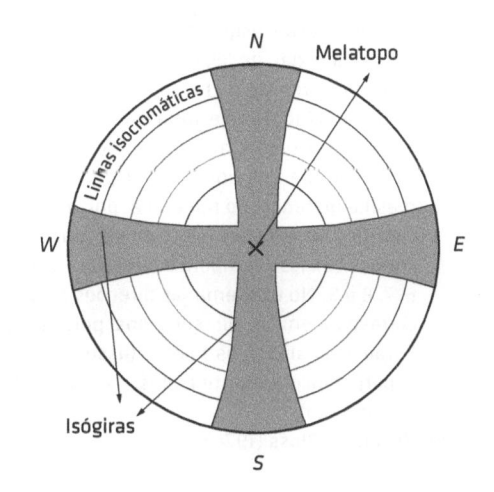

FIG. 6.4 Esquema de uma figura de interferência uniaxial do tipo eixo óptico centrado. O centro corresponde ao ponto de emergência do eixo óptico, denominado melatopo. A cruz escura e larga, que permanece imóvel quando rotacionada a platina, determina quatro quadrantes, NE, SE, NW e SW. Quando a birrefringência do mineral é alta, tem-se a presença das linhas isocromáticas, concêntricas em relação ao melatopo

uma mesma superfície cônica, como 2, 3 e 4 ou 5, 6, 7, 8 e 9, percorrem espessuras iguais do mineral. A disposição das diferentes superfícies é tal que aqueles que percorrem uma espessura maior no mineral estão mais inclinados em relação ao eixo óptico ou mais afastados do melatopo.

Como os raios contidos numa mesma superfície cônica percorrem uma espessura igual, eles apresentam diferença de caminhamento (Δ) idêntica e, consequentemente, exibem a mesma cor de interferência, formando uma linha isocromática. Ainda, como a espessura percorrida pelos raios de luz das superfícies cônicas aumenta do melatopo (em que Δ = 0) em direção às extremidades, as cores de interferência crescem de ordem nesse sentido.

Por sua vez, o lugar geométrico de igual diferença de caminhamento (Δ) dos raios que atravessam o mineral é denominado superfície de Bertin (Fig. 6.6). Dessa forma, as linhas isocromáticas que aparecem nas figuras de interferência podem ser consideradas como a intersecção dessas superfícies de Bertin com um plano horizontal.

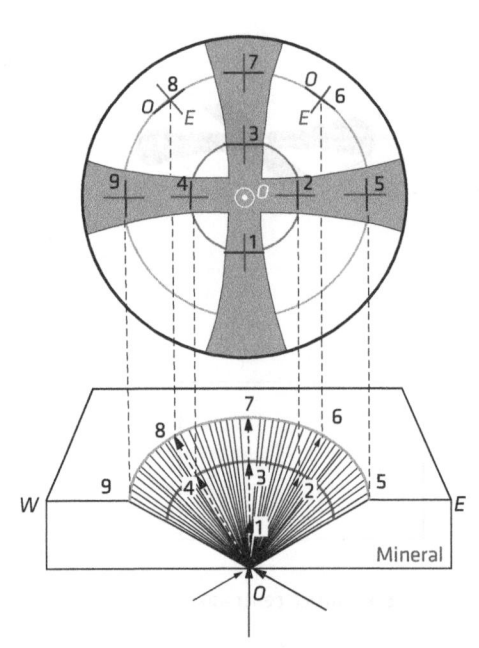

FIG. 6.5 Representação esquemática da formação da figura uniaxial de eixo óptico centrado. Um feixe convergente de luz incide na face inferior do mineral (ponto O) e, uma vez no interior dele, passa a ter uma trajetória cônica divergente. Observar que os raios 2, 3 e 4 percorrem uma mesma distância no mineral e, portanto, estão contidos num mesmo cone de luz (ou linha isocromática). Isso também ocorre para os raios 5, 6, 7, 8 e 9. No esquema, as direções E-W e N-S correspondem às direções dos polarizadores. Estão assinalados os raios E (associados a nε) e, perpendicularmente a eles, os raios O (associados a nω).
Fonte: modificado de Bloss (1970).

6.1.2 AS SUPERFÍCIES DE VELOCIDADE DE ONDA E FORMAÇÃO DAS ISÓGIRAS

Conforme já visto, a luz que incide em um mineral anisotrópico uniaxial sofre o fenômeno da dupla refração, que causa o surgimento de dois outros raios, denominados extraordinário (E) e ordinário (O), respectivamente associados com os índices de refração nε e nω.

A forma com que esses raios de luz se propagam no interior desses minerais pode ser representada por meio do conceito de superfície de velocidade de onda (ou superfície de onda, ou ainda superfície de velocidade de raio), que corresponde a uma superfície que une todos os raios vetores de luz que partiram de um mesmo ponto no interior do mineral e percorreram certa distância em um intervalo de tempo.

De maneira geral, caso se realize uma comparação, a superfície de velocidade de onda será a representação inversa de uma indicatriz. Para esses minerais, as superfícies de velocidade de onda dos raios E e O podem ser construídas tomando-se, a partir de um ponto qualquer, segmentos de reta proporcionais às velocidades de propagação desses raios em todas as direções. Como o raio ordinário possui índice de refração constante qualquer que seja a sua direção de propagação, a sua superfície de velocidade de onda será esférica em qualquer instante e a sua direção de vibração será tangente a essa superfície e perpendicular à seção principal.

No entanto, as superfícies de velocidade de onda dos raios extraordinários são elipsoides de revolução, pois as velocidades de propagação desses raios não são iguais para todas as direções, sendo, portanto, função da direção de propagação de cada raio, conforme mostram as Figs. 6.7 e 6.8.

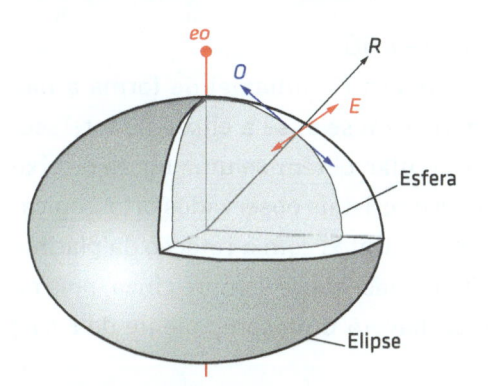

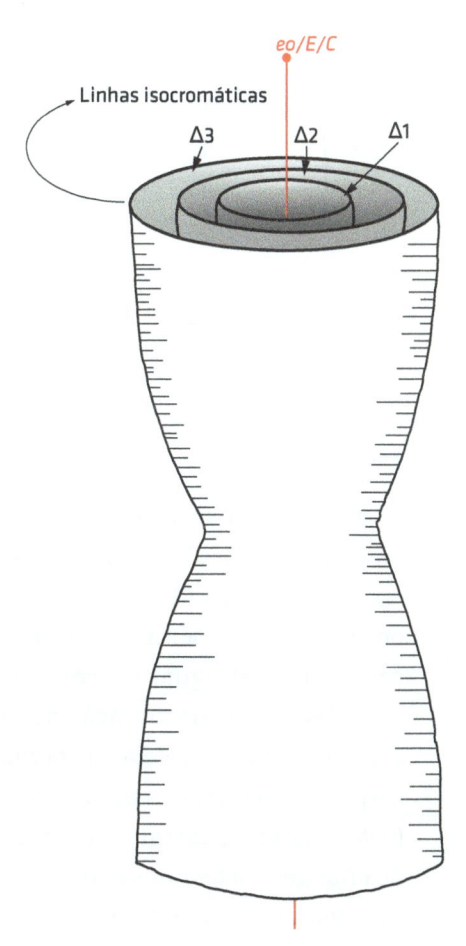

FIG. 6.6 Esquema das superfícies de Bertin, onde ocorre igual diferença de caminhamento para os minerais uniaxiais. Observar que, à medida que as superfícies de Bertin se afastam do eixo óptico, as cores de interferência das linhas isocromáticas que elas representam aumentam de $\Delta 1$ para $\Delta 2$ para $\Delta 3$ etc.

FIG. 6.7 Representação da superfície de velocidade de onda de um mineral uniaxial negativo mostrando as superfícies de velocidade de onda dos raios ordinários (superfície esférica) e extraordinários (superfície elíptica). Para um raio qualquer R, as direções de vibração dos raios ordinários e extraordinários serão, respectivamente, tangentes às superfícies esféricas (O) e elípticas (E). No caso, o plano desta página é uma seção principal

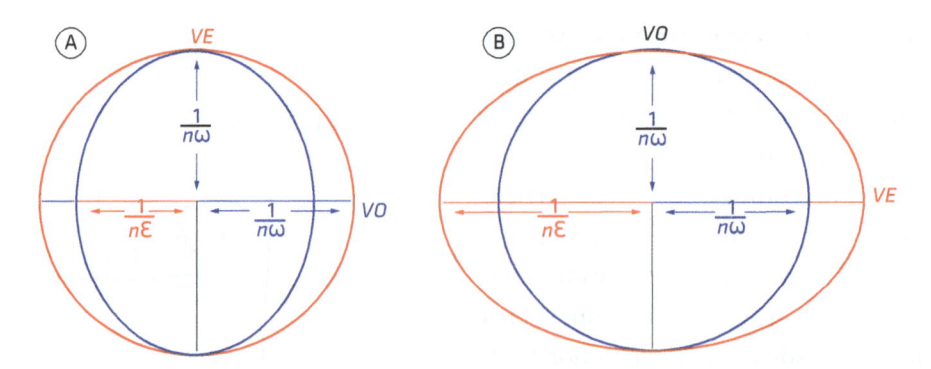

FIG. 6.8 Superfícies de velocidade de onda de minerais uniaxiais (A) positivos e (B) negativos. A figura mostra que os raios ordinários se propagam segundo uma circunferência, com velocidade igual a VO, e os raios extraordinários, segundo uma elipse, com velocidades VE, que variam conforme a direção considerada

Ao secionar as superfícies de velocidade de onda segundo uma seção circular ou perpendicularmente à direção do eixo óptico, como é o caso da figura de eixo óptico centrado, pode-se observar que as direções de vibração dos raios ordinários serão sempre tangentes às circunferências (ou às linhas isocromáticas ou linhas de igual atraso), e os raios extraordinários, perpendiculares a elas.

A disposição de vibração desses raios na figura de interferência está representada na Fig. 6.5. Nela, observar que os raios 2, 5, 4 e 9 e 1, 3 e 7 estão contidos, respectivamente, nos planos de vibração do analisador (OWE) e do polarizador (OCN) e estarão, assim, extintos. O mesmo pode ser dito para todos os pontos de emergência de raios sobre os retículos N-S e E-W, que também estarão extintos, definindo uma cruz escura, sendo cada um de seus ramos denominado isógira.

Uma característica importante de uma figura de interferência do tipo eixo óptico centrado é que a cruz observada não sofre nenhuma modificação com a rotação da platina do microscópio, porque dois dos inúmeros planos principais presentes na seção sempre coincidirão com as direções de vibração do polarizador e do analisador (Fig. 6.9).

6.1.3 FIGURA DE EIXO ÓPTICO NÃO CENTRADO

Quando certa face do mineral secciona a indicatriz uniaxial de forma a não ser exatamente perpendicular ao eixo óptico, ou seja, se a elipse de intersecção produzida não é exatamente a seção circular, obtém-se uma figura de eixo óptico não centrado (Fig. 6.10). Com isso, esses cristais observados ortoscopicamente não se mostrarão permanentemente extintos com a rotação da platina, mas sim com cores de interferência muito baixas, quase sempre cinza, pois na seção de corte ou na elipse de intersecção haverá uma componente de E ($n\varepsilon'$) associada a O ($n\omega$).

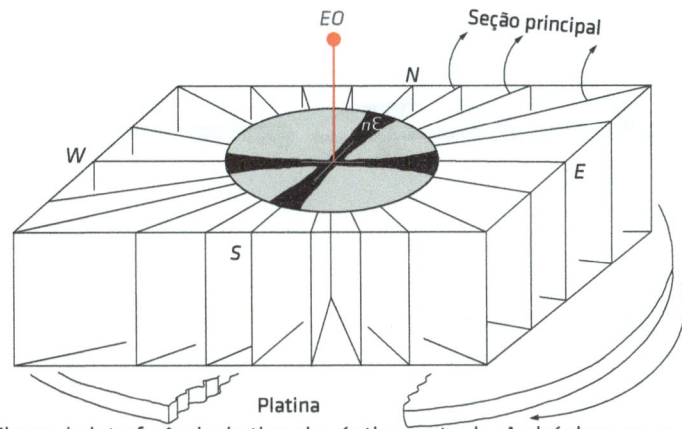

Fig. 6.9 Figura de interferência do tipo eixo óptico centrado. As isógiras, ou os ramos escuros, estão dispostas paralelamente aos polarizadores (*EW* e *NS*). Observar que o plano da figura de interferência corresponde a uma seção circular paralela ao plano da platina e perpendicular às seções principais e ao eixo óptico (*EO*). Também notar que a rotação da platina não causa mudanças na configuração das isógiras, pois sempre existirá uma das infinitas seções principais disposta paralelamente a um dos polarizadores (*EW* ou *NS*). Nos traços dos planos das seções principais com a seção circular (plano da figura), estão os raios *E* (assinalados pelo índice associado *n*ε) e, perpendicularmente a eles, os raios *O* (não representados)

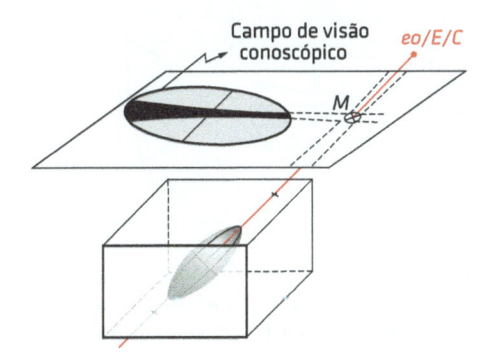

Fig. 6.10 Figura de eixo óptico não centrado mostrando a relação da indicatriz com as faces do mineral e a disposição dos elementos ópticos na figura de interferência. Observar que o plano da figura de interferência não corresponde a uma seção circular, mas sim a um plano inclinado em relação a ela. Deve-se notar também que boa parte da figura de interferência se encontra fora do campo de visão conoscópico, inclusive o ponto de emergência do eixo óptico (denominado melatopo – *M*)

Deve-se observar também que, quanto maior for a inclinação do corte em relação à seção circular, mais afastado do centro da figura estará o melatopo, podendo inclusive estar fora do campo de visão do microscópio, conforme mostra a Fig. 6.11.

Por consequência, com a rotação da platina do microscópio, o melatopo descreve uma trajetória circular em relação ao centro dos retículos, permanecendo os braços da cruz paralelos aos planos de vibração do polarizador e do analisador (Fig. 6.12).

6.1.4 FIGURA DO TIPO RELÂMPAGO OU *FLASH*

Quando a face ou a seção de certo mineral secciona a indicatriz uniaxial coincidindo com uma de suas seções principais, ou seja, contendo o eixo óptico que estará disposto no plano da platina do microscópio, originará figuras de interferência do tipo relâmpago ou *flash* (Fig. 6.13).

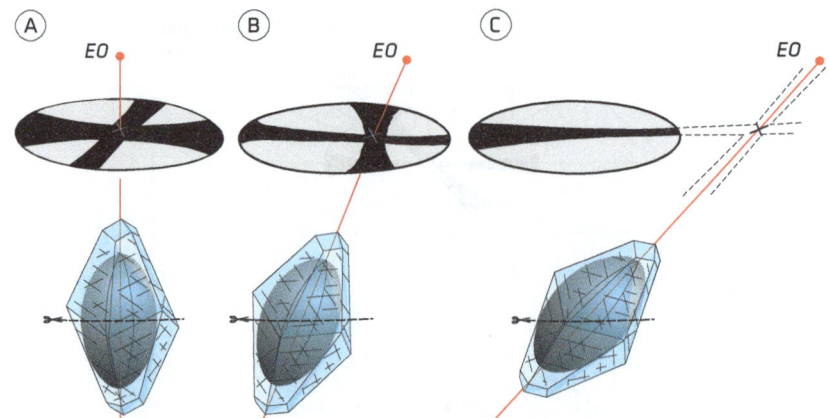

Fig. 6.11 Representação esquemática de figuras de interferência do tipo eixo óptico obtidas em plano de corte de uma calcita. Em (A), a figura é centrada, pois há uma seção paralela à seção circular (linha tracejada). Em (B) e (C), isso não acontece. O plano da figura de interferência não corresponde exatamente à seção circular. Observar que, quanto maior for a inclinação do eixo óptico (*EO*) em relação à seção de corte, mais afastado do centro da figura de interferência se encontrará o melatopo. Em (C), a inclinação é grande o suficiente para que o melatopo fique fora do campo de visão conoscópico

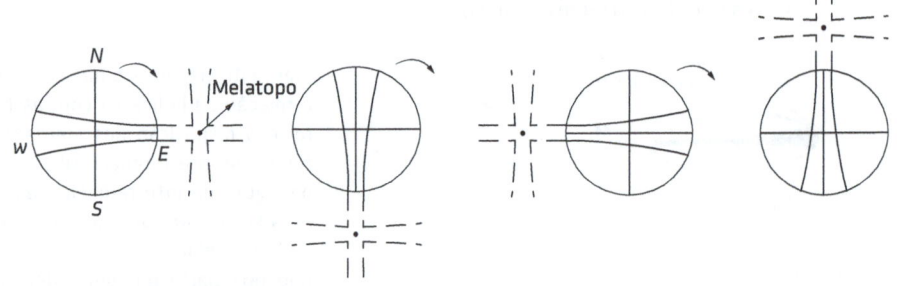

Fig. 6.12 Esquemas mostrando a disposição das isógiras de uma figura de eixo óptico não centrado com a rotação no sentido horário da platina (da esquerda para a direita), quando o melatopo se encontra fora do campo de visão conoscópico. *NS* e *EW* correspondem às direções dos retículos da ocular e às direções de vibração do polarizador e do analisador

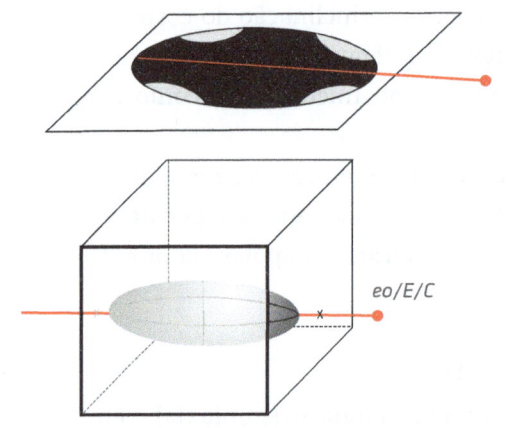

Fig. 6.13 Figura de interferência do tipo relâmpago ou *flash*, em que o eixo óptico está contido no plano da figura, ou seja, esse plano é uma seção principal do mineral

Assim sendo, cristais que satisfazem a condição descrita apresentam, sob nicóis cruzados, cores de interferência máxima, pois neles estarão contidos seus índices de refração máximo e mínimo.

A figura de interferência do tipo relâmpago ou *flash* mostra, quando o eixo óptico do mineral estiver paralelo a um dos polarizadores do microscópio, uma cruz escura, larga, de contorno não muito nítido e que ocupa quase todo o campo de visão. A rotação da platina em poucos graus já é suficiente para que a cruz se desfaça em dois ramos escuros, que desaparecem completamente quando se completa a rotação (Fig. 6.14).

A movimentação dos ramos que formam a cruz escura com a rotação da platina fornece a localização do eixo óptico. No caso da Fig. 6.14, os ramos escuros se deslocaram para os quadrantes NW e SE com a rotação no sentido horário, indicando que a posição original do eixo óptico coincidia com o retículo E-W (ou com a direção do analisador).

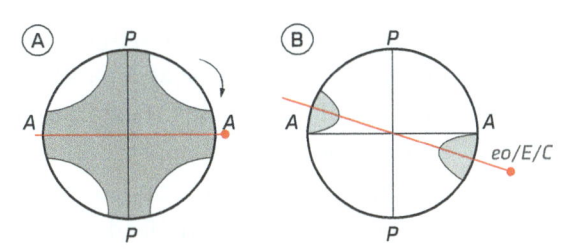

FIG. 6.14 (A) A figura de interferência do tipo relâmpago ou *flash* encontra-se em posição de cruz ou extinção, com o eixo óptico paralelo a um dos polarizadores do microscópio (no caso da figura, o analisador AA). (B) A partir da posição de cruz, com a rotação da platina em apenas alguns graus no sentido horário na figura, a cruz se desfaz segundo as extremidades do eixo óptico

A formação da figura de interferência do tipo relâmpago ou flash *e a localização dos raios* E *e* O

Os raios de luz que atravessam o mineral procedentes do cone de iluminação conoscópica caminham segundo um número infinito de planos principais que contêm o eixo óptico. Esses planos emergem do plano da figura de interferência como uma série de traços paralelos, conforme mostra a Fig. 6.15.

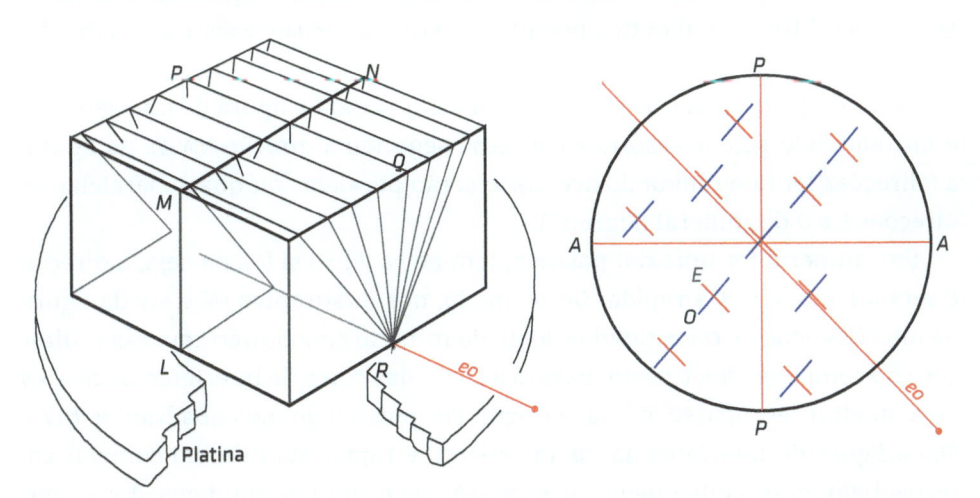

FIG. 6.15 Em (A), estão representadas as infinitas seções principais que contêm o eixo óptico. As direções de vibração dos raios E possuem direção PQ e estão contidas nas seções principais, enquanto as dos raios ordinários possuem direção MN, sendo então perpendiculares aos raios extraordinários. Em (B), observar que os raios E, representados pela menção ao índice de refração associado ε, são todos paralelos entre si, paralelos à direção do eixo óptico (PQ) e perpendiculares aos raios ordinários, representados pelo índice de refração associado ω

Os raios de luz que emergem da figura de interferência possuem todas as suas direções de vibração E paralelas entre si e contidas nas seções principais do mineral. Já os raios O estarão dispostos perpendicularmente àqueles E e estarão, todos eles, dispostos de forma paralela entre si.

Logo, quando o eixo óptico estiver paralelo a uma das direções de polarização (polarizador ou analisador), os raios E e O também estarão, e consequentemente o campo de visão estará praticamente todo extinto, com exceção dos extremos dos quadrantes, onde o ângulo de divergência dos raios emergentes é suficientemente alto para dispersar esse paralelismo.

6.1.5 A DETERMINAÇÃO DO SINAL ÓPTICO

A determinação do sinal óptico dos minerais uniaxiais por meio de figuras de interferência é relativamente simples e pode ser feita com o auxílio dos compensadores (ver Cap. 5).

Determinação do sinal óptico por meio da figura de eixo óptico centrado

Em uma figura de interferência de eixo óptico centrado, as direções de vibração de qualquer raio emergente da figura de interferência podem ser facilmente determinadas, como ilustra a Fig. 6.5. Com isso, a determinação do sinal óptico fica restrita à identificação dos raios rápido e lento do mineral como foi visto na ortoscopia (ver Cap. 5).

Dessa forma, conforme já visto, se o mineral tiver caráter uniaxial positivo, e, portanto, $n\varepsilon > n\omega$, o raio E será o lento, e o raio O, o rápido. Ao contrário, se o mineral tiver sinal óptico negativo, e, então, $n\varepsilon < n\omega$, E será o raio rápido, e O, o lento.

Para compensadores de gipso (atraso = 1λ), obtida a figura de interferência e introduzindo-se o acessório ao sistema segundo a direção NW-SE da figura, as direções lenta e rápida do acessório serão paralelas ou quase paralelas às direções E e O do mineral (Fig. 6.16).

Se o mineral for uniaxial positivo, tem-se $n\varepsilon$ (E) $> n\omega$ (O), ou seja, a direção E será a lenta, e a O, a rápida. Desse modo, nos quadrantes NE e SW da figura de interferência, os raios rápido e lento do mineral coincidirão com essas direções do compensador, e assim haverá a soma das cores de interferência nesses dois quadrantes, aparecendo a cor azul. Por outro lado, nos quadrantes NW e SE da figura de interferência, os raios lento e rápido do mineral coincidirão, respectivamente, com aquelas direções rápida e lenta do compensador, e com isso ocorrerá a subtração das cores de interferência, com o aparecimento da cor amarela (Fig. 6.16A).

Já se o mineral for uniaxial negativo, ou seja, $n\varepsilon < n\omega$, o raio E será a direção rápida, e o raio O, a lenta. Nos quadrantes NE e SW da figura de interferência, os raios lento e rápido do mineral coincidirão, respectivamente, com as dire-

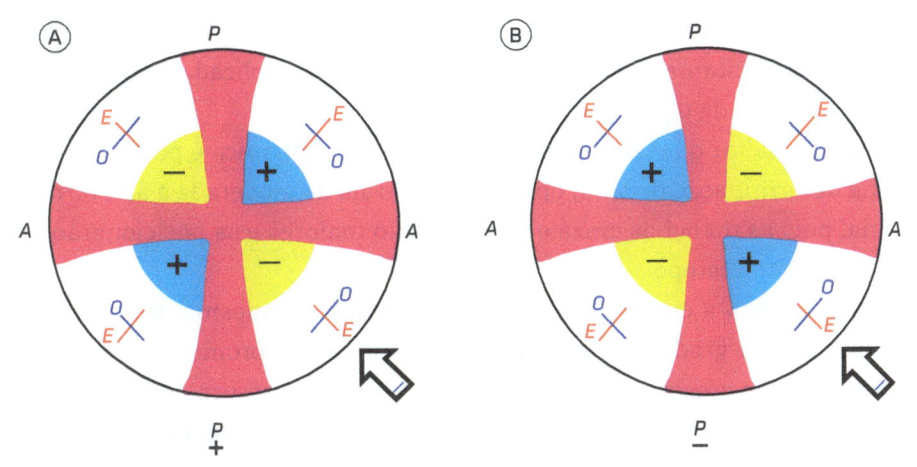

FIG. 6.16 Determinação do sinal óptico de um mineral uniaxial com o uso de um compensador de atraso igual a 1λ. As cores azuis correspondem à soma (+) das cores de interferência, ou seja, os raios rápido e lento do mineral coincidem com aqueles de mesma natureza do compensador, enquanto as cores amarelas correspondem à subtração (−) das cores de interferência, pois os raios rápido e lento do mineral coincidem com aqueles lento e rápido do compensador

ções rápida e lenta do compensador, havendo então subtração nesses dois quadrantes. Por consequência, nos quadrantes *NW* e *SE*, ocorrerá a soma das cores de interferência, com o surgimento da cor azul (Fig. 6.16B).

Também é possível usar compensador de mica (atraso = ¼λ) na determinação do sinal óptico dos minerais. A principal diferença entre o compensador de gipso e o de mica é que, com o emprego deste, a soma das cores de interferência são assinaladas pela cor cinza, e a subtração, pela cor preta, conforme mostra a Fig. 6.17.

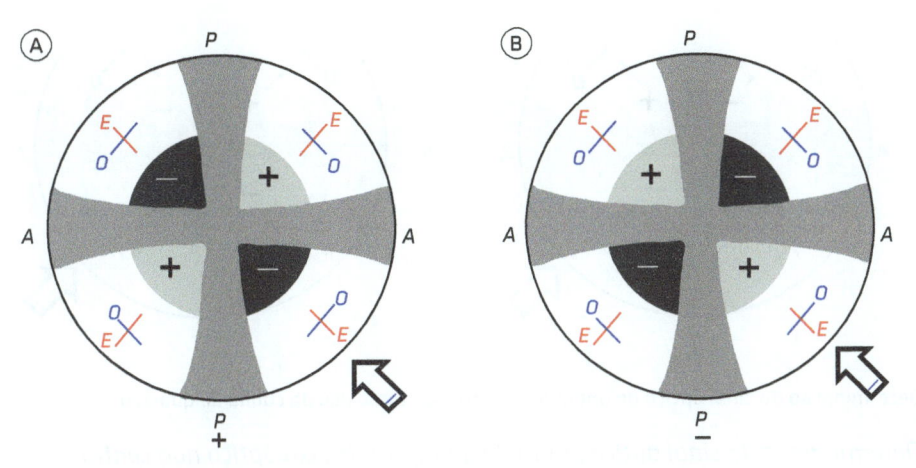

FIG. 6.17 Determinação do sinal óptico de um mineral uniaxial com o uso de um compensador de atraso igual a ¼λ. As cores cinza correspondem à soma das cores de interferência, ou seja, os raios rápido e lento do mineral coincidem com aqueles de mesma natureza do compensador, enquanto a cor negra é resultado da subtração das cores de interferência, pois os raios rápido e lento do mineral coincidem com aqueles lento e rápido do compensador

No que concerne à relação dos raios *E* e *O* com o raio *L* do compensador de mica, valem exatamente as mesmas considerações explicadas para o uso dos compensadores de gipso.

Cabe ressaltar que o emprego do compensador de mica é particularmente útil na determinação do sinal óptico de minerais de moderada a alta birrefringência, pois as manchas cinza e negras serão maiores e se posicionarão mais afastadas do melatopo.

Por fim, para a cunha de quartzo, o princípio é o mesmo. No entanto, ao ser introduzida gradualmente no sistema óptico, ela promove diferenças de caminhamento crescentes com o aumento da sua espessura. Normalmente, a direção de vibração do raio lento da cunha é paralela à sua direção de menor comprimento, como nos demais compensadores.

Nos minerais uniaxiais positivos, em que há adição nas cores de interferência, elas se movem para o centro da figura nos quadrantes *NE* e *SW*. No caso de subtração, ou seja, nos quadrantes *NW* e *SE*, com a introdução da cunha de quartzo, tem-se a sensação de que as cores de interferência se movem para fora da figura (Fig. 6.18A).

No caso dos minerais uniaxiais negativos, verifica-se o contrário. Nos quadrantes *NE* e *SW*, as cores de interferência se movem para fora da figura, ou seja, há subtração nas cores de interferência, ao passo que, nos quadrantes *NW* e *SE*, as cores de interferência movem-se para dentro da figura, ocorrendo, portanto, adição nas cores de interferência (Fig. 6.18B).

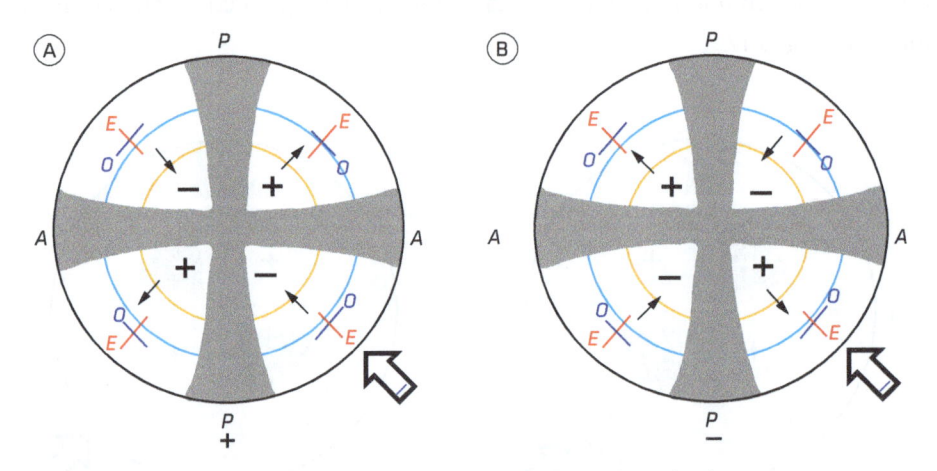

FIG. 6.18 Determinação do sinal óptico de um mineral uniaxial com o uso da cunha de quartzo

Determinação do sinal óptico por meio da figura de eixo óptico não centrado
Para figuras de interferência de eixo óptico não centrado, com o melatopo emergindo dentro do campo de visão do microscópio, a regra para determinar o sinal óptico é exatamente a mesma descrita para o caso anterior, com a

única diferença de que o melatopo não permanece imóvel no centro da figura de interferência, descrevendo uma trajetória circular em relação ao centro do campo conoscópico.

Caberá ao observador o cuidado em determinar a posição do melatopo (Fig. 6.12) antes de inserir o compensador no caminho óptico, pois, quando fora do campo de visão conoscópico, aparecerá apenas parte da cruz que caracteriza a figura de interferência.

Assim que reconhecido o quadrante da figura de interferência presente, basta introduzir o compensador e observar o resultado, seguindo os esquemas mostrados nas Figs. 6.16, 6.17 e 6.18, conforme o tipo de compensador utilizado.

Determinação do sinal óptico por meio da figura de interferência do tipo relâmpago ou flash

O reconhecimento e a determinação do sinal óptico dos minerais que apresentam figuras de interferência do tipo *flash* são difíceis. Como visto anteriormente, nesse tipo de figura, o eixo óptico repousa sobre o plano da platina, e, segundo sua direção, está presente a direção *E* ou a direção do raio extraordinário; consequentemente, o raio ordinário *O* estará perpendicular a ele (Fig. 6.15).

Sabendo-se que é possível determinar exatamente a posição do eixo óptico por meio da movimentação da isógira (Fig. 6.14), basta determinar, no sistema ortoscópico, se o raio extraordinário é o raio rápido (em que $n\varepsilon < n\omega$) ou lento (em que $n\varepsilon > n\omega$). No primeiro caso, o mineral será negativo, e no segundo, positivo.

Em resumo, para a figura do tipo *flash*, para determinar o sinal óptico do mineral, é necessário alternar entre os sistemas conoscópico e ortoscópico do microscópio petrográfico. No sistema ortoscópico, o processo é análogo ao da determinação dos raios lento e rápido do mineral (ver Cap. 5).

6.2 AS FIGURAS DE INTERFERÊNCIA DOS MINERAIS BIAXIAIS

Conforme já visto, os minerais biaxiais são aqueles que se cristalizam nos sistemas monoclínico, triclínico ou ortorrômbico. As indicatrizes biaxiais são caracterizadas por elipsoides de três eixos, designados como *X*, *Y* e *Z*, cujos comprimentos são proporcionais, respectivamente, a $n\alpha$, $n\beta$ e $n\gamma$, obedecendo sempre à relação $n\alpha < n\beta < n\gamma$, e possuem dois eixos ópticos (*eo*) perpendiculares às seções circulares (*SC*) de comprimento proporcional a $n\beta$ (Fig. 6.19). O ângulo agudo formado entre os dois eixos ópticos é denominado 2V.

O sinal óptico da indicatriz biaxial será função do valor numérico assumido por $n\beta$, porém obedecendo sempre à relação estabelecida entre os índices. Assim, quando o valor numérico de $n\beta$ estiver mais próximo de $n\alpha$ do que

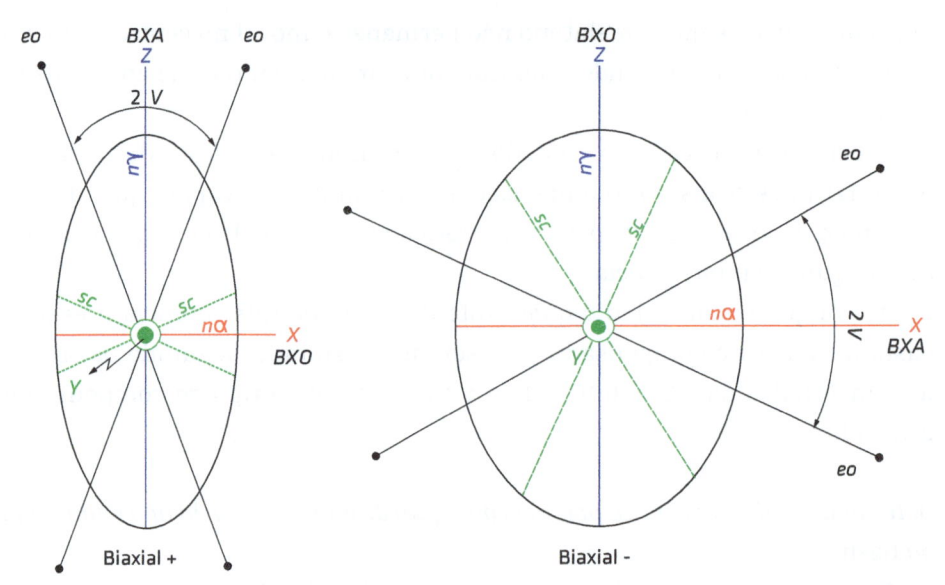

Fig. 6.19 As indicatrizes dos minerais biaxiais são representadas por dois eixos ópticos (*eo*), duas seções circulares e três eixos, *X*, *Y* e *Z*, cujos comprimentos dos semieixos são proporcionais aos valores dos índices de refração $n\alpha$, $n\beta$ e $n\gamma$, respectivamente. A indicatriz é biaxial positiva quando o semieixo *Y*, ou $n\beta$, tem comprimento mais próximo de $n\alpha$ do que de $n\gamma$ (A). Por sua vez, a indicatriz é biaxial negativa quando $n\beta$ está mais próximo de $n\gamma$ do que de $n\alpha$ (B). Além disso, observa-se que a bissetriz aguda (*BXA*) do ângulo 2*V* é o eixo *Z*, quando a indicatriz assume sinal óptico positivo, e *X*, quando assume sinal óptico negativo

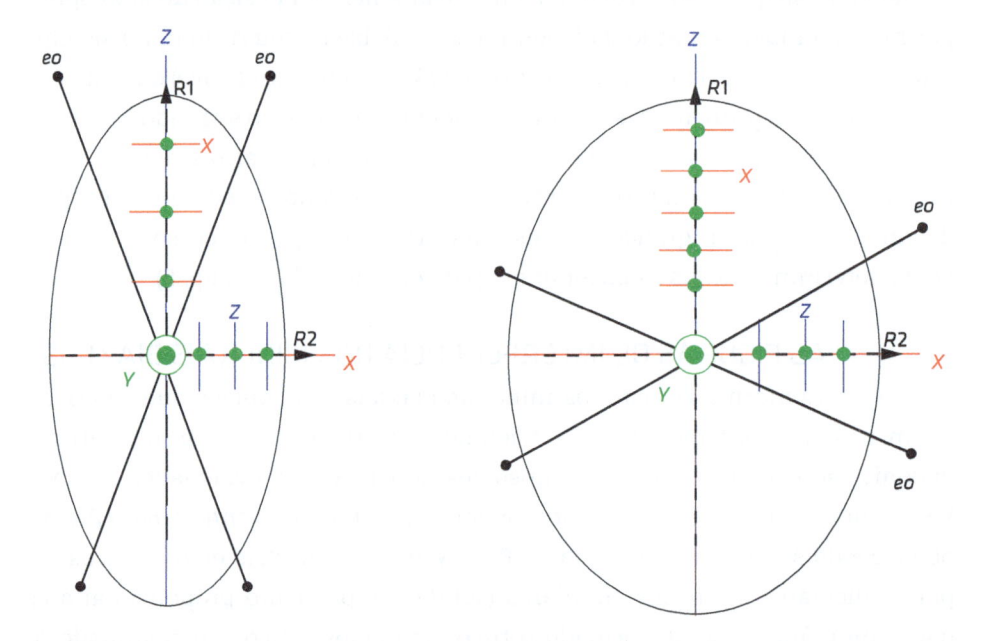

Fig. 6.20 Representação do fenômeno da dupla refração que ocorre quando um raio de luz incide na superfície de um mineral anisotrópico biaxial, com as direções de vibração a ele associadas. *R*1 incide na direção da bissetriz aguda, e *R*2, na da bissetriz obtusa, em indicatrizes com sinais ópticos positivos e negativos. Observar que o raio refratado vibra segundo as direções da indicatriz que lhe são perpendiculares

de $n\gamma$, a indicatriz terá sinal óptico positivo. Inversamente, se o valor numérico de $n\beta$ estiver mais próximo de $n\gamma$ do que de $n\alpha$, a indicatriz terá sinal óptico negativo.

Toda vez que um raio de luz incidir na face de um mineral anisotrópico, ele sofrerá o fenômeno da dupla refração, com o surgimento de dois raios de luz que vibrarão segundo as direções dos índices de refração perpendiculares ao raio incidente.

Os índices de refração associados a certo raio de luz que atravessa uma indicatriz serão sempre aqueles perpendiculares à direção de propagação do referido raio. A Fig. 6.20 apresenta as direções de vibração para os raios que incidem na direção da bissetriz aguda (R1) e da bissetriz obtusa (R2), para minerais de sinais ópticos positivos e negativos.

O Quadro 6.1 apresenta uma síntese do que foi abordado até aqui.

QUADRO 6.1 Determinação dos índices de refração associados a minerais positivos e negativos em função da direção de propagação do raio de luz

Para um raio de luz que se propaga na direção...	Os índices de refração associados a um mineral positivos serão...	Os índices de refração associados a um mineral negativo serão...	Observações
da bissetriz aguda (BXA) ou entre os eixos ópticos (ângulo agudo)	$n\alpha$ e $n\beta$ (ou $n\alpha'$ e $n\beta$ entre os eixos ópticos – ângulo agudo)	$n\gamma$ e $n\beta$ (ou $n\gamma'$ e $n\beta$ entre os eixos ópticos)	Quando o mineral é positivo, BXA = Z e BXO = X
da bissetriz obtusa (BXO)	$n\gamma$ e $n\beta$ (ou $n\gamma'$ e $n\beta$ entre os eixos ópticos – ângulo obtuso)	$n\alpha$ e $n\beta$ (ou $n\alpha'$ e $n\beta$ entre os eixos ópticos – ângulo obtuso)	Quando o mineral é negativo, BXA = X e BXO = Z
da normal óptica (Y)	$n\alpha$ e $n\gamma$ (ou $n\alpha'$ e $n\gamma'$ se não houver perfeito paralelismo com $n\beta$)	$n\alpha$ e $n\gamma$ (ou $n\alpha'$ e $n\gamma'$ se não houver perfeito paralelismo com $n\beta$)	A normal óptica (NO) será sempre Y, independentemente do sinal óptico do mineral

Da mesma forma que nos minerais uniaxiais, nos biaxiais os tipos de figura são sempre relativos aos planos de secção e aos eixos relacionados. Conforme as diferentes seções de corte, ou elipses de intersecção, entre a face considerada e a indicatriz, têm-se os seguintes tipos de figura de interferência:

- *Eixo óptico (eo)*: quando a seção é perpendicular a um dos eixos ópticos.
- *Bissetriz aguda (BXA)*: quando a seção é perpendicular à bissetriz aguda.
- *Bissetriz obtusa (BXO)*: quando a seção é perpendicular à bissetriz obtusa.
- *Normal óptica (NO)*: quando a seção é perpendicular a Y.
- *Pêndulo*: quando a seção é oblíqua à bissetriz aguda e a um dos eixos ópticos.
- *Leque*: quando a seção é oblíqua à normal óptica e à bissetriz aguda.

6.2.1 FIGURA DE EIXO ÓPTICO (EO)

A figura do tipo eixo óptico é obtida quando um mineral é cortado perpendicularmente a um dos eixos ópticos e caracteriza-se por uma barra escura (ou isó-

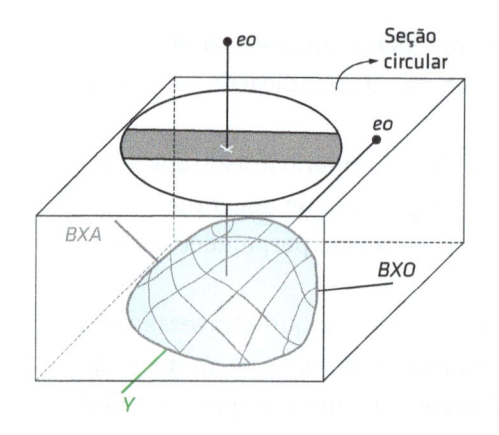

FIG. 6.21 Esquema de um mineral biaxial de sinal óptico qualquer cortado perpendicularmente a um dos eixos ópticos. Quando o plano óptico está paralelo a uma das direções de vibração do microscópio, observa-se no sistema conoscópico a formação de uma barra escura

gira na forma de barra) que, quando paralela a um dos retículos, torna-se reta (Fig. 6.21).

Girando a platina em 45°, essa barra vai adquirir uma curvatura que, em seu ponto mais convexo, estará emergindo o eixo óptico. A porção convexa da figura indica o ponto de emergência da *BXA* (Fig. 6.22).

Ainda, como o eixo óptico é perpendicular à platina, *Y* estará nela contida. Assim, no sistema ortoscópico, esse grão apresenta-se sempre extinto com a rotação da platina, o que torna fácil a identificação do grão associado a essa face em uma lâmina petrográfica.

Observar que a isogira se deforma com sua porção convexa apontada para a direção da bizzetriz aguda (*BXA*).

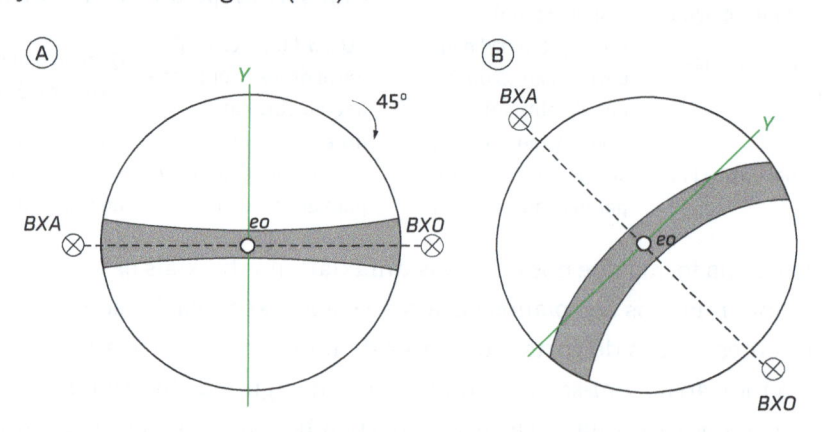

FIG. 6.22 A partir da posição inicial, com a barra formando uma reta (A), gira-se a platina em 45° (B), para a posição chamada de máxima curvatura. A barra escura encurva-se, sendo que seu ponto mais convexo é o ponto de emergência do eixo óptico. Na porção convexa da curva está situado o ponto de emergência da *BXA* e, em sua porção côncava, o ponto de emergência da *BXO*

6.2.2 FIGURA DE BISSETRIZ AGUDA (*BXA*)

Quando um mineral biaxial é cortado perpendicularmente à bissetriz do ângulo agudo formado pelos dois eixos ópticos, é produzida uma figura de interferência do tipo *BXA* (Fig. 6.23).

Essa figura é constituída de uma cruz escura, como no caso dos minerais uniaxiais, mas, com a rotação da platina, ela se desfaz em dois ramos escuros que se movem para quadrantes opostos.

A cruz é formada quando o traço do plano óptico (que contém os dois eixos ópticos e as bissetrizes aguda e obtusa do ângulo 2V) é paralelo a um dos polarizadores norte-sul ou leste-oeste do microscópio petrográfico. Assim orientado, o mineral estará em posição de extinção.

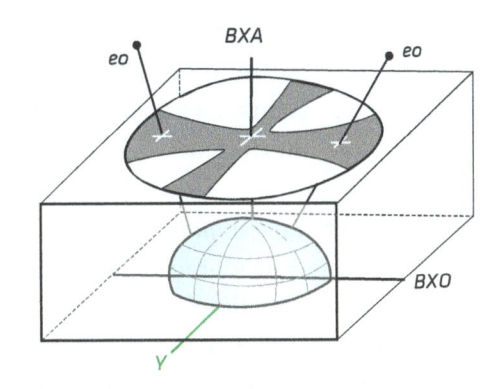

Fig. 6.23 Esquema da seção de um mineral biaxial de sinal óptico qualquer cortado perpendicularmente à bissetriz aguda, produzindo uma figura de interferência do tipo BXA, que é caracterizada por uma cruz escura de cujo centro emerge a BXA

Com a rotação da platina, a cruz se desfaz, e, quando atinge 45° (posição de máxima iluminação no sistema ortoscópico), os centros dos dois ramos escuros – ou seja, o ponto de emergência dos eixos ópticos (ou melatopos) – estão o mais afastados possível entre si. A reta que une os melatopos e contém a BXA e a BXO é o traço do plano óptico no plano da figura de interferência, e Y é perpendicular a ela (Fig. 6.24).

Cabe ressaltar que, quando o mineral se encontra na posição de máxima iluminação, a distância entre os dois melatopos é proporcional ao ângulo 2V (ver a seção 6.2.12). Quando esse ângulo é muito grande, os ramos escuros saem fora do campo do microscópio na posição de 45° a partir da cruz.

Dependendo do mineral estudado ou da espessura da lâmina, a birrefringência pode ser suficientemente alta para surgir uma série de linhas colori-

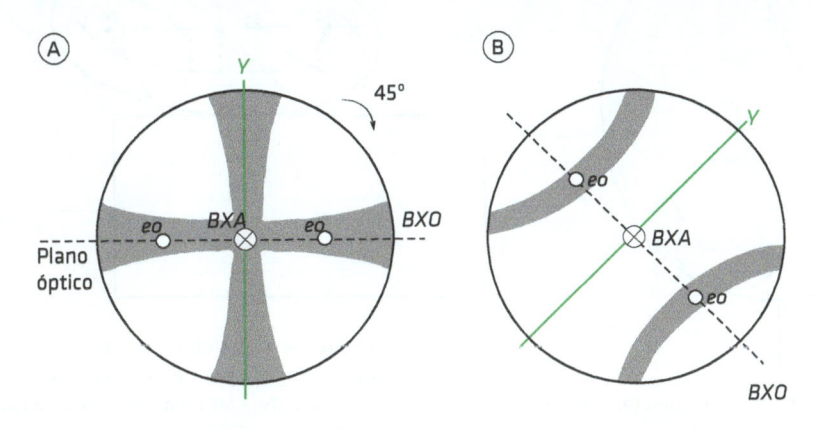

Fig. 6.24 A partir da posição de extinção (A), girando a platina em 45° (B), posição de máxima iluminação, a cruz se desfaz em dois ramos na direção da BXO, e perpendicularmente a essa direção está Y

das contornando os melatopos, que correspondem às linhas isocromáticas (Fig. 6.25). Entretanto, se a birrefringência do mineral é baixa ou se a sua espessura é pequena, não se verificam linhas isocromáticas, aparecendo no campo cores de interferência de baixa ordem, normalmente de cor cinza.

Formação das isógiras

As direções de vibração da figura de interferência do tipo *BXA* determinam uma indicatriz com diferentes linhas de igual caminhamento (linhas isocromáticas). A Fig. 6.26 mostra o exemplo de um mineral biaxial negativo com 2*V* na direção de *X*. Na projeção dessas linhas no plano *Z-Y* (perpendicular a *BXA*), pode-se observar as diferentes direções de vibração dos raios emergentes nos diferentes pontos da figura (Fig. 6.27).

A formação das isógiras pode ser também explicada elementarmente aplicando-se a regra de Biot-Fresnel, segundo a qual os planos

Fig. 6.25 Representação esquemática das linhas isocromáticas na figura de interferência do tipo *BXA*

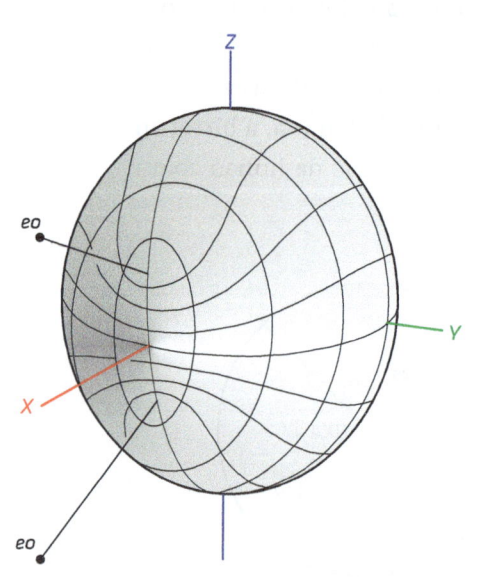

Fig. 6.26 Indicatriz de um mineral biaxial negativo mostrando as diferentes direções de caminhamento
Fonte: adaptado de Nesse (2004).

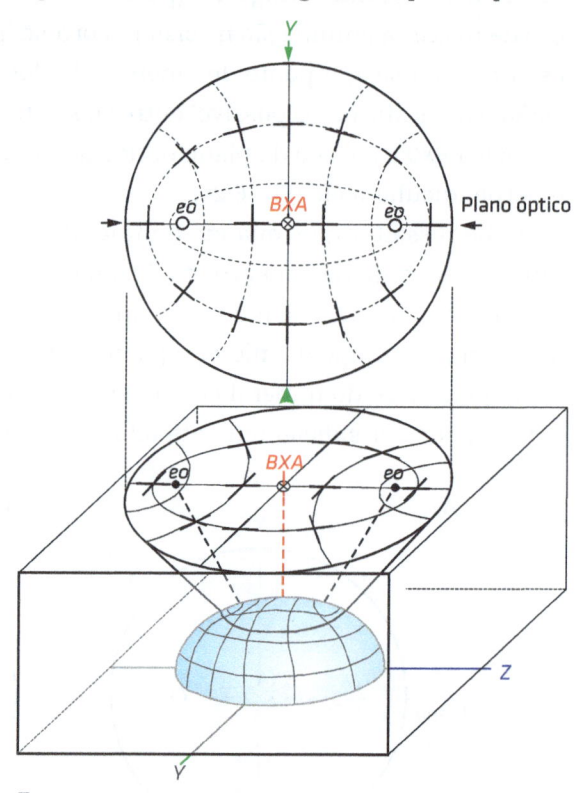

Fig. 6.27 Esquema da determinação das direções de vibração por meio da projeção das direções de caminhamento da seção perpendicular à *BXA* da indicatriz da figura de interferência
Fonte: adaptado de Nesse (2004).

de vibração de um raio bissectam o ângulo diedro formado pelo plano que contém o raio e os dois eixos ópticos (Fig. 6.28).

A formação da isógira ocorre quando as direções de vibração dos raios determinados são paralelas às direções dos polarizadores norte-sul, leste-oeste do microscópio, como ilustra a Fig. 6.29.

Figura de bissetriz aguda (BXA) não centrada

Ocorre quando a indicatriz não é cortada de modo exatamente perpendicular à direção da BXA e, assim, seu ponto de emergência não coincide com o centro dos retículos, conforme mostra a Fig. 6.30.

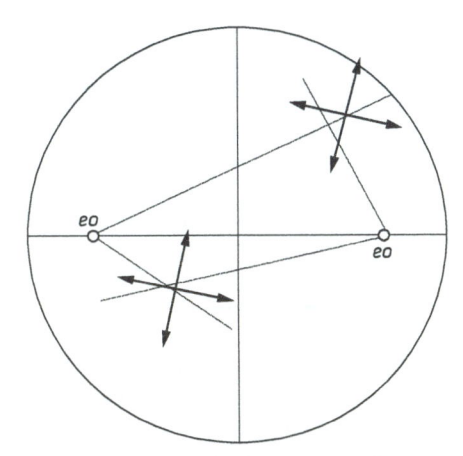

FIG. 6.28 Construção de Biot-Fresnel. As direções de vibração nos pontos selecionados na figura de interferência do tipo BXA bissectam as linhas imaginárias provenientes dos pontos de emersão do eixo óptico

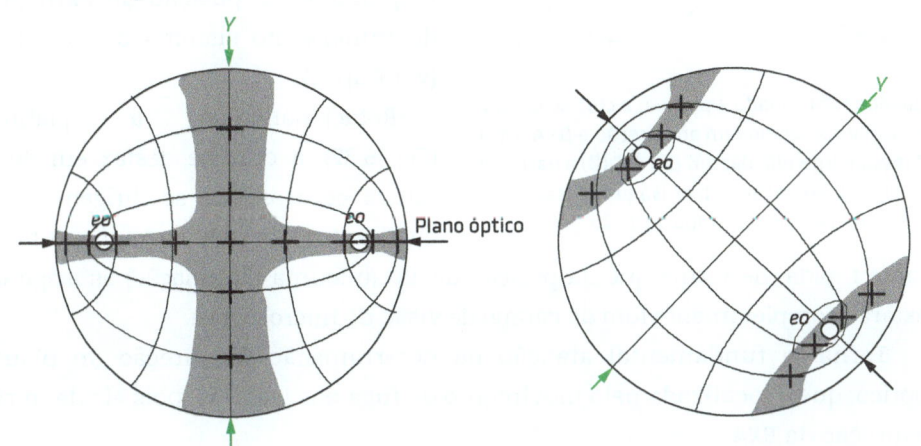

FIG. 6.29 Figura esquemática mostrando que a formação das isógiras é o resultado da paralelidade entre as direções de vibração do mineral e do microscópio

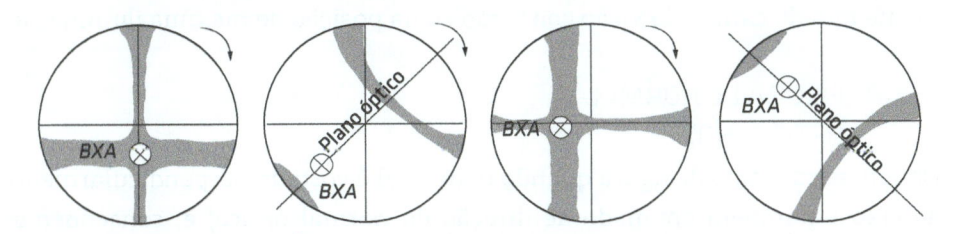

FIG. 6.30 Representação esquemática da figura de BXA não centrada, com indicação da direção de BXO que coincide com o plano óptico. Observar que o ponto de emergência da BXA não se faz no centro da figura

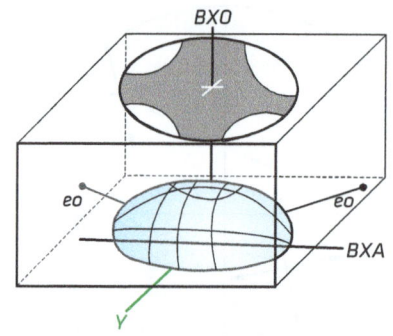

FIG. 6.31 Representação da figura de *BXO* para um mineral biaxial de sinal óptico qualquer, com indicação das direções ópticas. Para sua formação, é necessário que o mineral seja cortado perpendicularmente à direção da *BXO*, e, assim, a seção do mineral passa a conter *BXA* e *Y*.

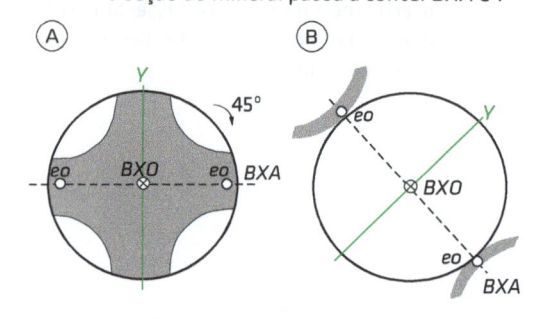

FIG. 6.32 Quando rotacionada a platina, a cruz se desfaz e as isógiras se movem em direção a *BXA*, com direção perpendicular a *Y*. Em 45° (B) a partir da posição de extinção (A), as isógiras estão completamente fora do campo de visão.

Na verdade, é extremamente comum que na observação desse tipo de figura a *BXA* não esteja absolutamente centrada, e muitas vezes seu ponto de emergência pode estar até fora do campo conoscópico.

6.2.3 FIGURA DE BISSETRIZ OBTUSA (*BXO*)

Obtém-se esse tipo de figura quando o mineral é cortado perpendicularmente à sua *BXO* (Fig. 6.31).

Quando o traço do plano óptico é paralelo a um dos polarizadores, as duas direções, *XY* (biaxial positiva) e *ZY* (biaxial negativa), são paralelas aos polarizadores, e tem-se a formação de uma cruz larga e difusa correspondente à posição de extinção do mineral no sistema ortoscópico (ver Cap. 5).

Rotacionando-se a platina (Fig. 6.32), a cruz se desfaz em dois ramos escuros que se dirigem para quadrantes opostos, de maneira bastante rápida, de forma que na posição de 45° (máxima iluminação) as isógiras estarão completamente fora do campo de visão do microscópio.

Torna-se fundamental atenção na determinação da direção do plano óptico, que é localizada pelo movimento de fuga das isógiras, pois ela definirá a direção da *BXA*.

Cabe ressaltar que essa figura se diferencia daquela do tipo *BXA* pela espessura da cruz na posição de extinção, além do fato de as isógiras estarem totalmente fora do campo de visão conoscópico na posição de máxima iluminação.

6.2.4 FIGURA DE NORMAL ÓPTICA (NO)

Obtém-se esse tipo de figura quando o mineral é cortado perpendicularmente ao eixo *Y* (também chamado de direção da normal óptica) e, consequentemente, é paralelo ao plano óptico (Fig. 6.33).

Quando *BXA* e *BXO* são paralelas aos planos de vibração dos polarizadores, a figura de normal óptica é uma cruz escura e difusa que ocupa quase todo o campo de visão do microscópio. Uma pequena rotação da platina (5-7°) é suficiente para que a cruz se desfaça em dois ramos escuros que desapareçam do campo de visão do microscópio. Os ramos escuros afastam-se para quadrantes opostos na direção de *BXA* (Fig. 6.34).

6.2.5 FIGURA DO TIPO PÊNDULO

Esse tipo de figura ocorre quando o mineral é cortado obliquamente a *BXA* ou *BXO* e a um dos eixos ópticos, como mostra a Fig. 6.35.

Quando em posição de extinção, ou seja, quando o plano óptico do mineral é paralelo a uma das direções de polarização do microscópio, essa figura consiste em uma barra escura (isógira) paralela a um dos retículos do microscópio. Se rotacionada a platina em pequenos movimentos alternados, a barra se movimenta como se fosse um pêndulo, daí o nome associado.

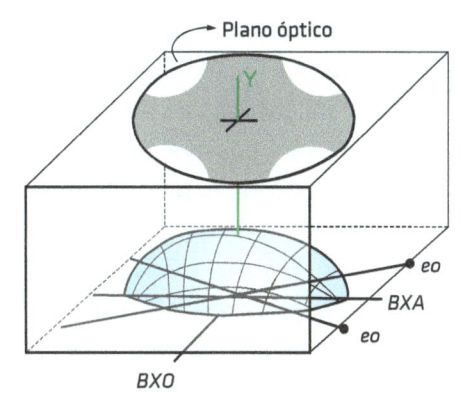

FIG. 6.33 Representação esquemática da figura de interferência do tipo normal óptica, em que o mineral é cortado perpendicularmente à direção de *Y* e, assim, a seção contém as direções *BXA* e *BXO*

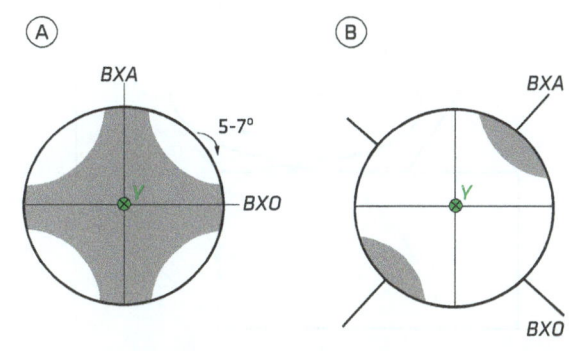

FIG. 6.34 Figura de interferência do tipo normal óptica (esquemática). Com uma pequena rotação na platina de aproximadamente 5-7°, a cruz se desfaz, com o aparecimento de dois ramos escuros na direção de *BXA*, perpendicular a *BXO*

No entanto, essa é uma figura que não deve ser usada como critério para identificação de sinal óptico, mas apenas como identificação de se tratar de um mineral biaxial e nunca uniaxial.

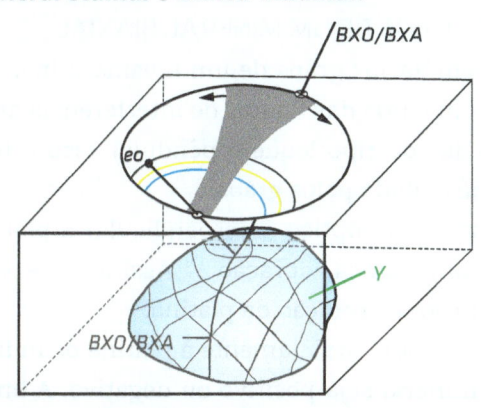

FIG. 6.35 Representação esquemática do plano de corte e da figura de interferência do tipo pêndulo. A seção deve ser oblíqua a *BXA* ou *BXO* e ao eixo óptico. Em posição de extinção, aparecerá uma barra escura que se movimenta como se fosse um pêndulo com pequenos movimentos alternados na platina. Podem existir linhas isocromáticas concêntricas ao ponto de emergência do eixo óptico

Cabe ressaltar que, se a birrefringência do mineral for alta ou a espessura da lâmina for maior que a convencional, poderão ocorrer linhas isocromáticas concêntricas ao ponto de emergência do eixo óptico, e pela curvatura das linhas será possível localizar então a posição do eixo. Na posição de extinção, *BXA* ou *BXO* estão na extremidade oposta ao ponto de emersão do eixo óptico.

6.2.6 FIGURA DO TIPO LEQUE

Ocorre quando o mineral é cortado obliquamente à normal óptica e a *BXA* ou *BXO*, como ilustra a Fig. 6.36.

Em posição de extinção, isto é, quando o plano óptico do mineral é paralelo a uma das direções de polarização do microscópio, essa figura consiste em uma barra escura (isógira) paralela a um dos retículos do microscópio.

Rotacionando a platina em pequenos movimentos alternados, a barra movimenta-se como se fosse um leque, ou seja, realiza um movimento oposto ao da figura do tipo pêndulo.

Se ocorrerem, as linhas isocromáticas serão geralmente de maior ordem e perpendiculares à isógira quando a seção for oblíqua a *BXA* e à normal óptica. Quando a seção for oblíqua a *BXO*, serão paralelas à barra (Fig. 6.36).

Assim como a do tipo pêndulo, essa figura não é segura para a determinação do sinal óptico, mas apenas para a definição do caráter biaxial do mineral investigado.

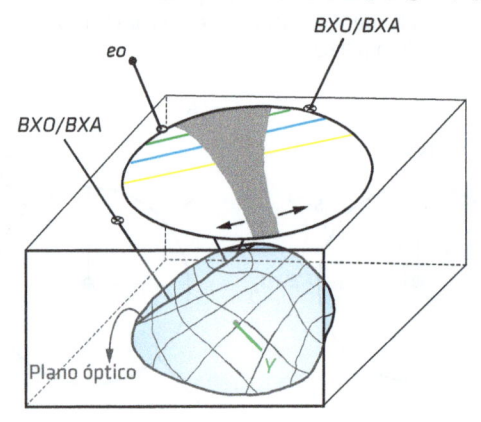

FIG. 6.36 Representação esquemática do plano de corte e da figura de interferência do tipo leque. A seção deve ser oblíqua a *BXA* ou *BXO* e à normal óptica. Em posição de extinção, aparecerá uma barra escura que se movimenta como se fosse um leque com pequenos movimentos alternados na platina

6.2.7 ORIENTAÇÃO ÓPTICA DOS GRÃOS DE UM MINERAL BIAXIAL

Em uma seção delgada onde ocorrem vários grãos de um mesmo mineral, é importante localizar aquele que origine uma das figuras de interferência anteriormente descritas (com exceção das do tipo leque e pêndulo). Isso é feito observando-se a cor de interferência exibida pelos grãos.

- *Figura de eixo óptico (EO)*: como o eixo óptico é perpendicular à platina, paralelamente a ela existe uma única vibração Y. Assim, esse grão sempre se apresentará extinto com a rotação da platina.
- *Figura de bissetriz aguda (BXA)*: possui paralelamente à platina os índices $n\beta$ e $n\alpha$ (ou $n\gamma$), conforme o mineral seja positivo ou negativo. A birre-

fringência do grão será $n\gamma - n\beta$ ou $n\beta - n\alpha$. Assim, a cor de interferência desse grão será baixa a intermediária.

▶ *Figura de bissetriz obtusa (BXO)*: possui paralelamente à platina $n\beta$ e $n\alpha$ (ou $n\gamma$), conforme o mineral seja positivo ou negativo.

Como já visto, nos minerais biaxiais positivos, $n\beta$ aproxima-se de $n\alpha$, e a BXA encontra-se na direção de Z (e, por consequência, a BXO está na direção de X), enquanto nos negativos $n\beta$ se aproxima de $n\gamma$, e a BXA encontra-se na direção de X (e, por consequência, a BXO está na direção de Z).

Independente do sinal óptico, no mineral como um todo o raio lento (L) será sempre associado à direção de Z ($n\gamma$), e a direção de X ($n\alpha$) será sempre a do raio rápido (R). No entanto, o comportamento da direção de Y ($n\beta$), ou normal óptica, dependerá da seção do mineral estudado, sendo essa direção a mesma do raio lento se estiver associada com X ou a mesma do raio rápido se estiver associada com Z, conforme demonstra o esquema didático a seguir:

Assim, para a figura BXA, tem-se que a birrefringência será:

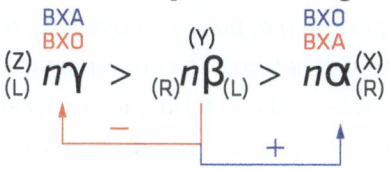

$$\underset{(L)}{\overset{\text{BXA}}{\underset{(Z)}{\text{BXO}}}} n\gamma > \underset{(R)}{\overset{(Y)}{n\beta}}_{(L)} > \underset{(R)}{\overset{\text{BXO}}{\underset{(X)}{\text{BXA}}}} n\alpha$$

(sinal óptico +) $n\beta - n\alpha$ = birrefringência baixa
(sinal óptico + −) $n\gamma - n\beta$ = birrefringência baixa

Já para a figura BXO:

(sinal óptico +) $n\gamma - n\beta$ = birrefringência moderada
(sinal óptico −) $n\alpha - n\beta$ = birrefringência moderada

Em outras palavras, os grãos minerais que apresentarão figura do tipo BXO exibirão cores de interferência mais altas do que aqueles que apresentarão BXA.

▶ *Figura de normal óptica (NO)*: possui as direções X e Z da indicatriz, ou seja, $n\alpha$ e $n\gamma$, contidas no plano da figura de interferência. Como $n\alpha$ é o menor e $n\gamma$ o maior índice de refração da indicatriz, a cor de interferência observada será a de maior ordem em relação aos demais grãos da mesma espécie mineral.

6.2.8 DETERMINAÇÃO DO SINAL ÓPTICO POR MEIO DA FIGURA DE EIXO ÓPTICO (EO)

Pela birrefringência associada e pela facilidade de identificação do grão, a figura do tipo eixo óptico é o meio mais fácil para a determinação do sinal óptico. De certa forma, é possível considerar essa figura como uma parte da figura de BXA, onde aparece somente um dos eixos ópticos.

Assim, a partir da posição de barra, gira-se a platina em 45°, reconhecendo as direções da BXA e da BXO e lembrando que a BXA está localizada na parte convexa da isógira e a direção de Y (normal óptica) é perpendicular ao plano óptico.

Localizadas essas direções, o compensador é introduzido no sistema, provocando um efeito aditivo (+) ou subtrativo (–) nas cores de interferência. Quando Y é paralela ao raio lento do acessório, e BXO, paralela ao raio rápido, pode-se observar duas diferentes situações (Fig. 6.37):

▶ *Adição nas cores de interferência na parte convexa da figura de interferência*: neste caso, na direção de BXO encontra-se o raio rápido, e na direção de Y, o raio lento. Logo, conclui-se que BXO é a direção de vibração X (nα) e, por consequência, o sinal óptico é positivo.

▶ *Subtração nas cores de interferência na parte convexa da figura de interferência*: se houver adição na parte côncava, neste caso BXO comporta-se como raio lento, e a normal óptica, como raio rápido, concluindo-se que BXO é a direção de vibração Z (nγ) e, por consequência, o sinal óptico é negativo.

Como já visto, existem três tipos de compensadores (ver Cap. 5), e a cor de soma (+) e subtração (–) observada será função do atraso de cada acessório para a determinação do sinal óptico por meio de qualquer figura de interferência (Quadro 6.2).

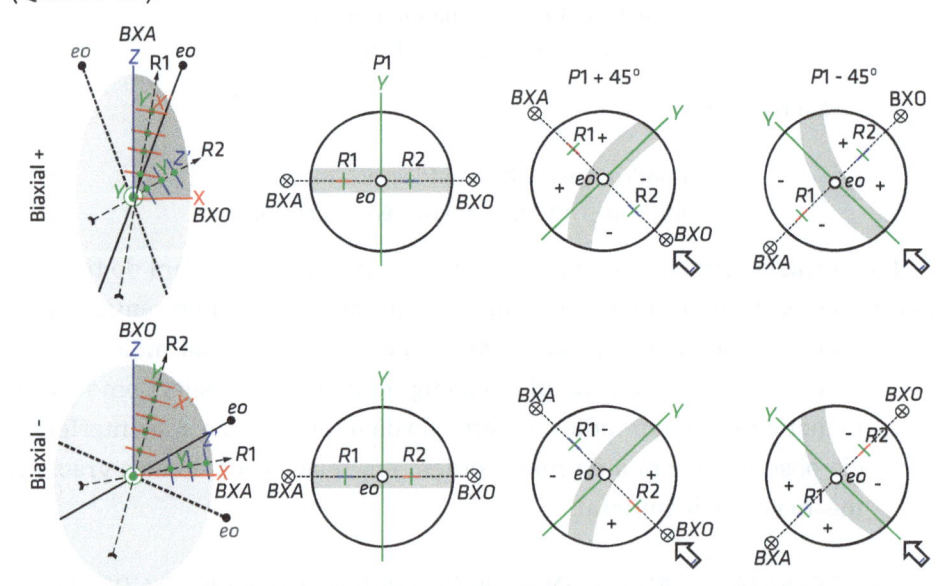

FIG. 6.37 Representação da determinação do sinal óptico de um mineral biaxial por meio da figura de interferência do tipo eixo óptico. Quando a normal óptica é paralela ao raio lento do acessório e BXO é paralela ao raio rápido, se BXO estiver na direção de vibração do raio lento do mineral, terá sinal óptico positivo. Já se BXO estiver na direção de Z, terá sinal óptico negativo. As cores de interferência observadas nas regiões das figuras de interferência em que houver soma serão representadas pelo símbolo (+), e nas com subtração, pelo símbolo (–)

QUADRO 6.2 Tipos de compensadores e a cor associada a soma (+) e subtração (−) nas figuras de interferência

Compensadores	Soma (+)	Subtração (−)
Mica (1/4λ)	Cinza	Preta
Gipso ou quartzo (1λ)	Azul	Amarela
Cunha de quartzo (1/2λ a 3λ)	Quando inserida, ocorre adição, com as cores de interferência movimentando-se para fora (Fig. 5.17)	Quando inserida, ocorre subtração, com as cores de interferência movimentando-se para dentro (Fig. 5.18)

6.2.9 DETERMINAÇÃO DO SINAL ÓPTICO POR MEIO DA FIGURA DE BISSETRIZ AGUDA (*BXA*)

A partir da posição de extinção onde aparece uma cruz escura, deve-se girar a platina em 45° reconhecendo as direções da *BXO* e de *Y* (normal óptica). Lembrando que, para esse tipo de figura, a direção de *BXO* está localizada na direção de fuga das isógiras e a direção óptica *BXA* é perpendicular ao plano óptico.

Localizadas as direções ópticas, introduz-se o compensador, que terá efeito aditivo (+) ou subtrativo (−) nas cores de interferência. Quando *Y* é paralela ao raio lento do acessório e *BXO* é paralela ao raio rápido, pode-se observar duas diferentes situações (Fig. 6.38):

▶ *Com fuga das isógiras para NW-SE e adição nas cores de interferência na parte convexa das isógiras da figura, havendo subtração na parte côncava: neste caso, BXO comporta-se como raio rápido, e a normal óptica, como raio lento, concluindo-se que BXO é a direção de vibração X (nα).*

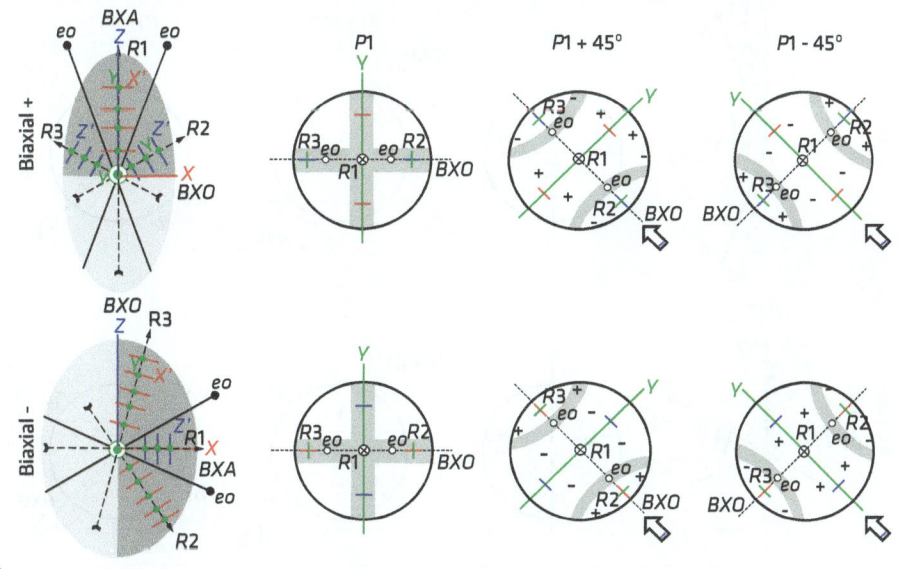

FIG. 6.38 Representação esquemática da determinação do sinal óptico de um mineral biaxial por meio da figura de interferência do tipo *BXA*. Quando a normal óptica é paralela ao raio lento do acessório e *BXO* é paralela ao raio rápido, se *BXO* estiver na direção de vibração do raio lento do mineral, terá sinal óptico positivo. No entanto, se *BXO* estiver na direção de *Z*, terá sinal óptico negativo. As cores de interferência observadas nas regiões das figuras de interferência em que houver soma serão representadas pelo símbolo (+), e nas com subtração, pelo símbolo (−)

▶ Com fuga das isógiras para NW-SE e subtração nas cores de interferência na parte convexa da figura, havendo adição na parte côncava: neste caso, BXO comporta-se como raio lento, e a normal óptica, como raio rápido, concluindo-se que BXO é a direção de vibração Z (nγ).

6.2.10 DETERMINAÇÃO DO SINAL ÓPTICO POR MEIO DA FIGURA DE BISSETRIZ OBTUSA (BXO)

A partir da posição de extinção onde aparece uma cruz escura, deve-se girar a platina em 45° reconhecendo as direções da BXA e de Y (normal óptica), que, conforme já visto, estarão fora do campo de visão conoscópico. Lembrando que a direção de BXA está localizada na direção de fuga das isógiras, a direção óptica BXO é perpendicular ao plano óptico.

Localizadas as direções ópticas, introduz-se o compensador, que, da mesma forma que nos casos anteriores, terá efeito aditivo (+) ou subtrativo (−) nas cores de interferência. Quando a normal óptica é paralela ao raio lento do acessório e BXO é paralela ao raio rápido, pode-se observar duas diferentes situações (Fig. 6.39):

▶ Com fuga das isógiras para NW-SE e adição nas cores de interferência na parte convexa das isógiras, havendo subtração na parte côncava: neste caso, BXA comporta-se como raio rápido, e a normal óptica, como raio lento, concluindo-se que BXA é a direção de vibração Z (nγ).

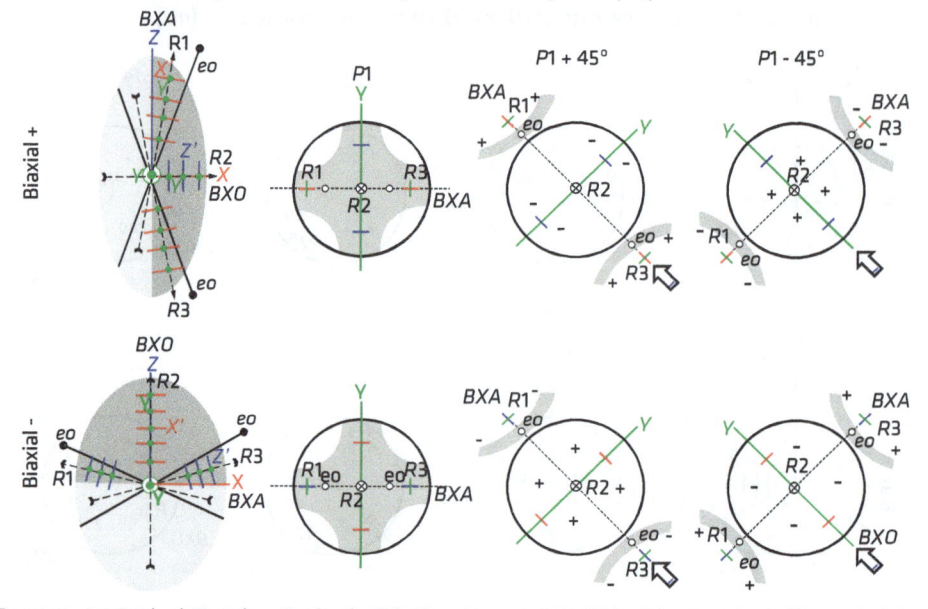

FIG. 6.39 Representação da determinação do sinal óptico de um mineral biaxial por meio da figura de interferência do tipo BXO. Quando a normal óptica é paralela ao raio lento do acessório e BXA é paralela ao raio rápido, se BXA estiver na direção de vibração do raio lento do mineral, terá sinal óptico positivo. Contudo, se BXA estiver na direção de X, terá sinal óptico negativo. As cores de interferência observadas nas regiões das figuras de interferência em que houver soma serão representadas pelo símbolo (+), e nas com subtração, pelo símbolo (−).

▶ Com fuga das isógiras para NW-SE e subtração nas cores de interferência na parte convexa das isógiras, havendo adição na parte côncava: neste caso, BXA comporta-se como raio lento, e a normal óptica, como raio rápido, concluindo-se que BXA é a direção de vibração X (nα).

6.2.11 DETERMINAÇÃO DO SINAL ÓPTICO POR MEIO DA FIGURA DE NORMAL ÓPTICA (NO)

As figuras de interferência do tipo normal óptica, assim como as figuras uniaxiais do tipo *flash*, são de baixa definição, e o sinal óptico só pode ser obtido pela combinação dos sistemas conoscópico e ortoscópico.

No sistema conoscópico, identifica-se a figura pela formação de uma cruz escura (parecida com aquela BXO). Com uma pequena rotação na platina, a cruz se desfaz em duas machas que se afastam em sentidos opostos (Fig. 6.40). A direção de fuga é aquela associada a BXA, enquanto na perpendicular encontra-se a direção da BXO.

Fixando a platina, impede-se qualquer posterior movimento e, no sistema ortoscópico, o mineral estará em posição de máxima iluminação. Inserindo-se o compensador e admitindo-se que BXA está na direção NW-SE do campo de visão, podem ocorrer duas diferentes situações (Fig. 6.40):

▶ Estando BXA paralela ao raio lento do compensador e havendo soma nas cores de interferência: conclui-se que a direção de BXA é a direção de vibração do raio lento Z (nγ) do mineral, e perpendicularmente está BXO, a direção do raio rápido X (nα).

▶ Estando BXA paralela ao raio lento do compensador e havendo subtração nas cores de interferência: conclui-se que se trata da direção de vibração do

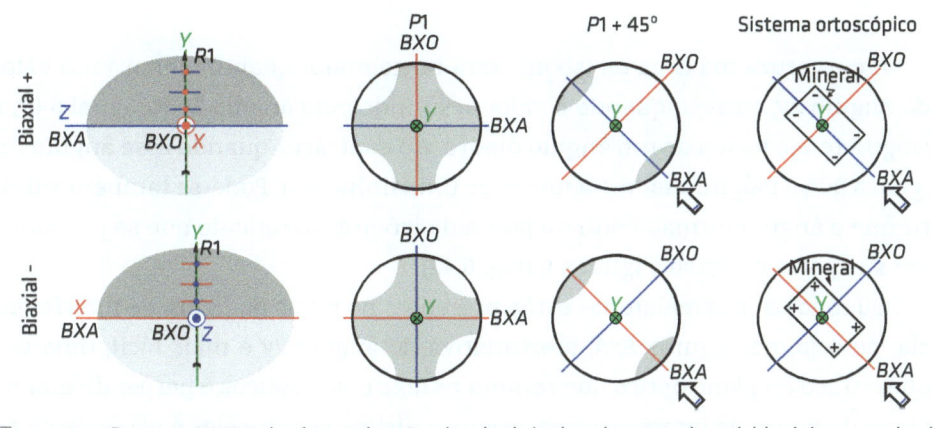

Fig. 6.40 Representação da determinação do sinal óptico de um mineral biaxial por meio da figura de interferência do tipo normal óptica. Quando a BXA é paralela ao raio lento do acessório e a BXO é paralela ao raio rápido, se BXA estiver na direção de vibração do raio lento do mineral, terá sinal óptico positivo. No entanto, se BXA estiver na direção de X, terá sinal óptico negativo. As cores de interferência observadas nas regiões das figuras de interferência em que houver soma serão representadas pelo símbolo (+), e nas com subtração, pelo símbolo (−).

raio rápido X (nα) do mineral, e perpendicularmente está BXO, a direção do raio lento Z (nγ).

6.2.12 ESTIMATIVA DO ÂNGULO 2V

Conforme já visto, o ângulo 2V é o ângulo agudo formado entre os dois eixos ópticos de um mineral biaxial e medido sobre o plano óptico. Ele pode ser estimado para as figuras que tenham pelo menos um melatopo contido no plano da figura de interferência, considerando-se portanto as figuras de interferência do tipo EO e BXA.

Recomenda-se que a estimativa seja feita com figuras centralizadas, ou seja, que as seções sejam perpendiculares aos elementos ópticos considerados nas figuras de EO e BXA, respectivamente.

Conforme ilustra os esquemas da Fig. 6.41, nas figuras de eixo óptico centrado, a estimativa do ângulo 2V é feita por meio da curvatura máxima da isógira, que é obtida quando o mineral é rotacionado da posição de extinção (0°, 90° e 180°) para a de máxima iluminação (45° e 135°).

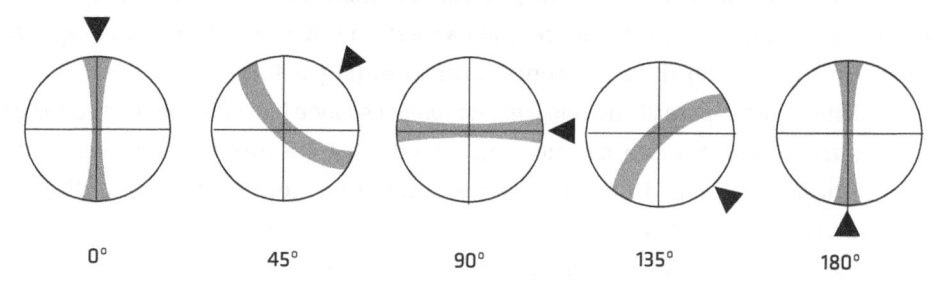

Fig. 6.41 Efeito da rotação da platina na figura de interferência do tipo EO centrado, com curvatura máxima em 45° e 135°

A curvatura máxima da isógira será tanto maior quanto menor for o valor do ângulo 2V, ou seja, quando o valor assumido pelo ângulo 2V for igual a 0°, a isógira tem a forma de um ângulo diedro. Ao contrário, quando esse ângulo for igual a 90°, a isógira assume a forma de uma linha reta. Pode-se também admitir que o ângulo formado entre a ponta da isógira e o retículo que se posiciona em sua parte côncava é igual a V (Fig. 6.42).

Quando os dois melatopos estão presentes no plano da figura de interferência, ou seja, nas figuras BXA, a estimativa do ângulo 2V é mais fácil, uma vez que o traço do plano óptico que contém os dois eixos ópticos é perpendicular ao plano da figura de interferência e, assim, a distância entre eles é equivalente ao ângulo 2V.

Caso se conheça o ângulo do campo conoscópico, pode-se inferir a distância entre os dois melatopos, ou seja, o ângulo 2V (Fig. 6.43).

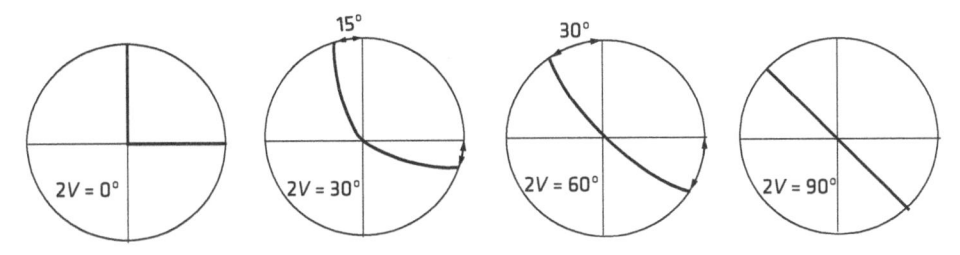

FIG. 6.42 Representação esquemática da determinação do ângulo 2V por meio da figura de EO

Infelizmente, não se pode relacionar facilmente o ângulo em graus rotacionados na platina do microscópio (μ) com o valor do ângulo 2V. Embora exista uma relação entre eles, ela é um pouco complicada para ser usada rotineiramente:

$$\text{sen } 2\mu = \frac{(AN/2)^2 [1-1/2(\text{sen } V)]^2}{(\text{sen } V)^2 [1-1/2(AN/n)^2]}$$

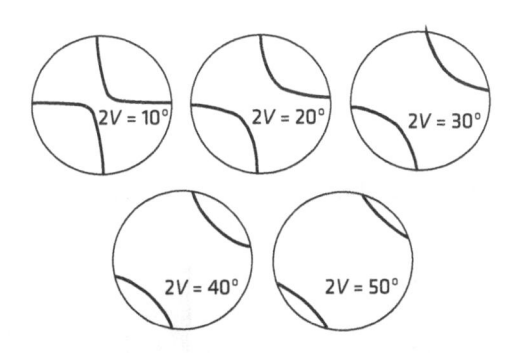

FIG. 6.43 Representação esquemática da medição do ângulo 2V por meio da figura de interferência do tipo BXA

em que AN = abertura numérica e n = índice de refração médio do mineral, $(n\alpha + n\beta + n\gamma)/3$.

Cabe ressaltar que somente as figuras de EO e BXA podem ser usadas para a determinação do eixo óptico. Levando em consideração um campo conoscópico com ângulo de 55°, pode-se construir o ábaco da Fig. 6.44.

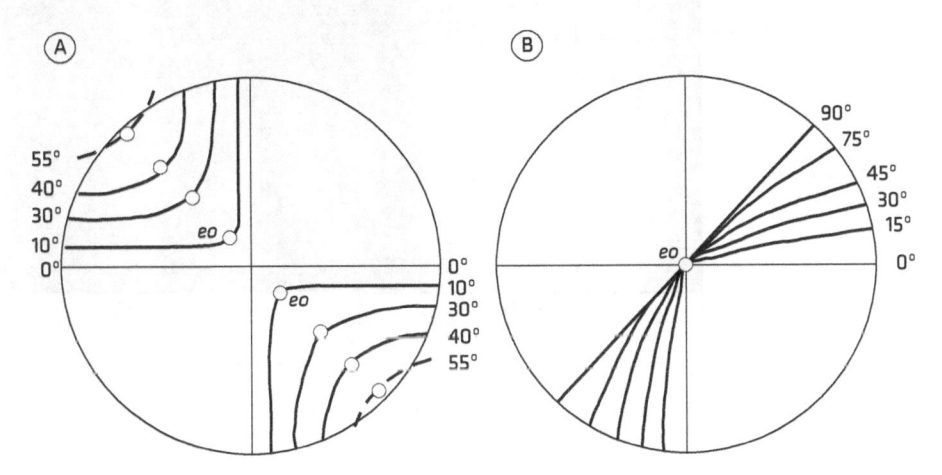

FIG. 6.44 Ábaco da medição do ângulo 2V: (A) por meio da figura de BXA; (B) por meio da figura de EO

Anexo A1
Carta de cores

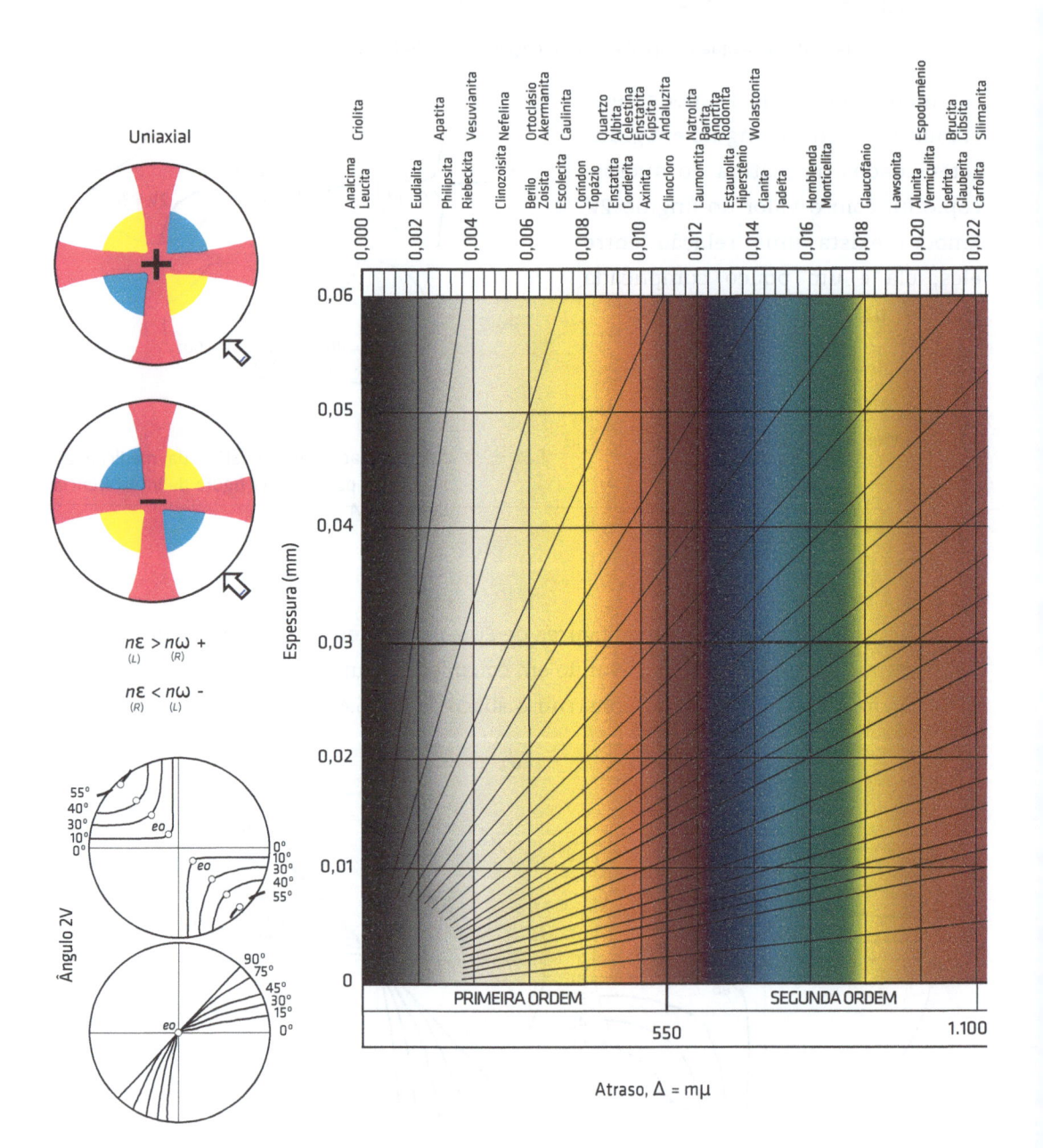

(N-n)

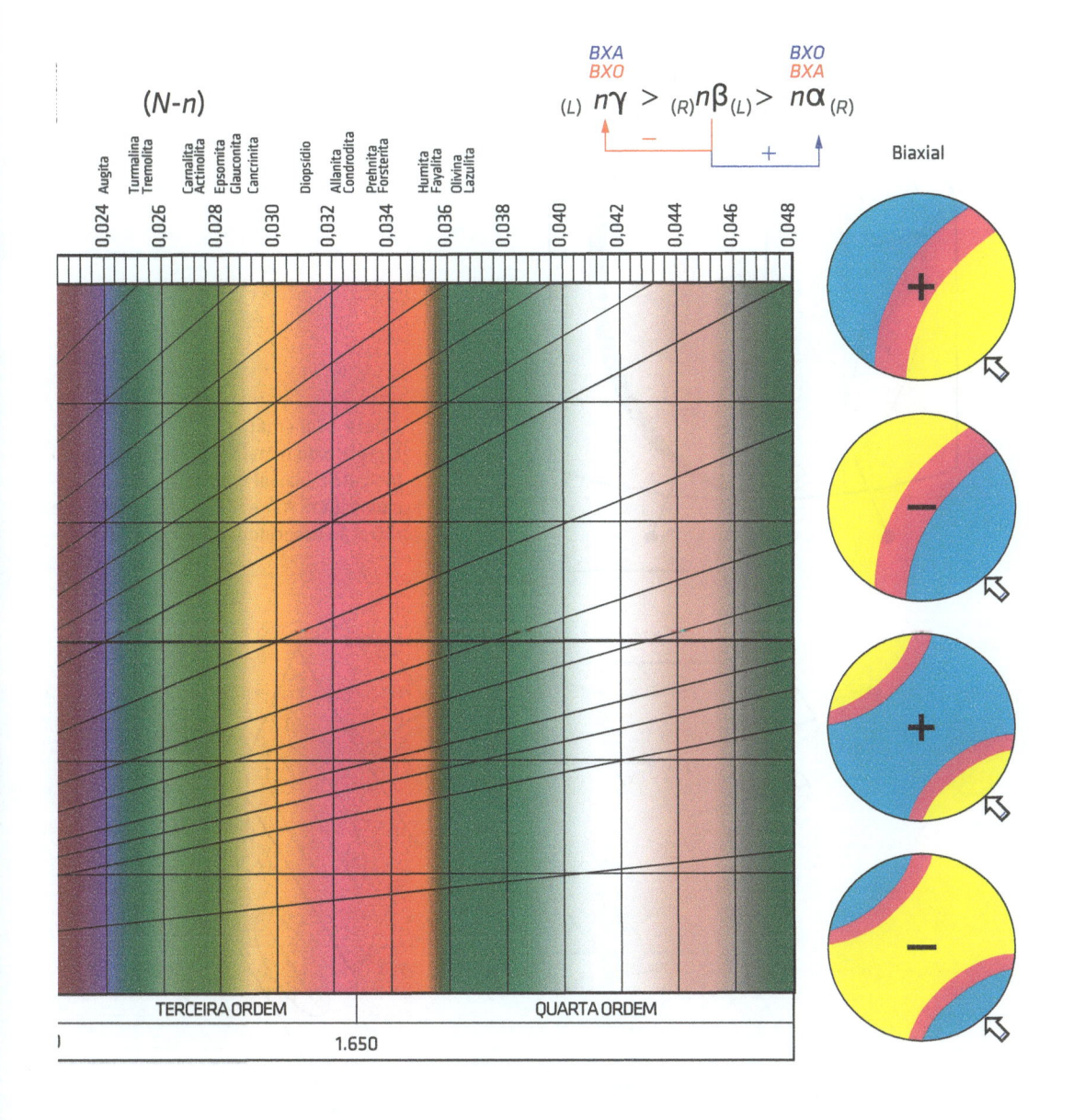

Augita 0,024
Turmalina / Tremolita 0,026
Carnalita / Actinolita 0,028
Epsomita / Glauconita / Cancrinita 0,030
Diopsídio 0,032
Allanita / Condrodita 0,034
Prehnita / Forsterita 0,036
Humita / Fayalita 0,038
Olivina / Lazulita 0,040
0,042
0,044
0,046
0,048

BXA / BXO
BXO / BXA

$_{(L)}n\gamma >\ _{(R)}n\beta_{(L)} >\ n\alpha_{(R)}$

— +

Biaxial

TERCEIRA ORDEM | QUARTA ORDEM

1.650

Figuras coloridas

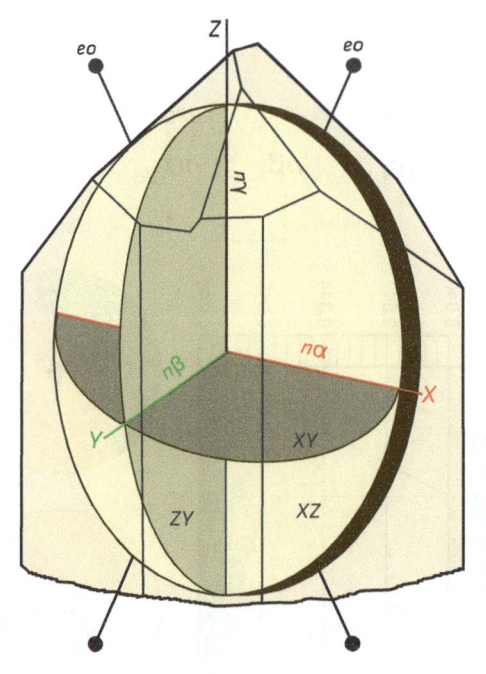

FIG. 3.13 Figura esquemática do modelo cristalográfico do mineral topázio mostrando indicatriz biaxial com três seções principais (*XY*, *XZ* e *ZY*) e os índices de refração associados a cada uma delas

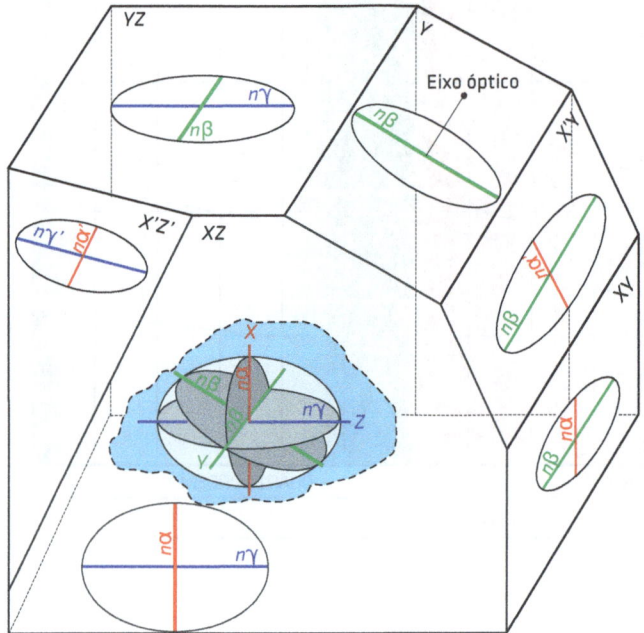

FIG. 3.15 Relações entre os índices de refração associados às diferentes faces de um cristal biaxial

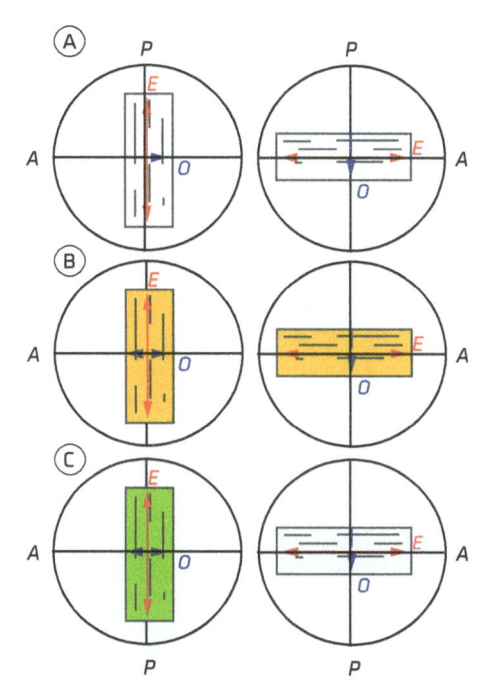

FIG. 4.2 Minerais uniaxiais mostrando as disposições dos raios ordinários (*O*) e extraordinários (*E*) em relação aos polarizadores do microscópio: (A) mineral uniaxial incolor; (B) mineral uniaxial colorido; (C) mineral uniaxial colorido e pleocroico. Observar que em (A) e (B) não há variação das cores dos minerais com a rotação da platina

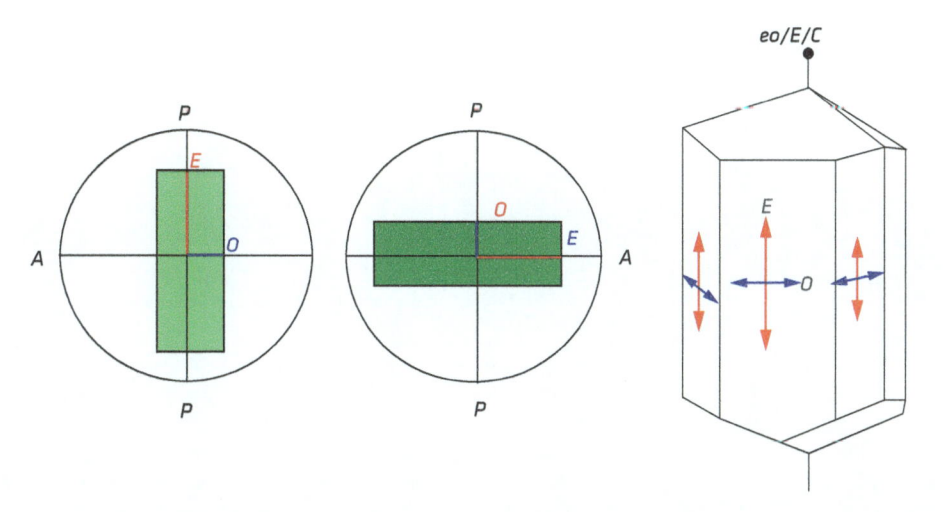

FIG. 4.4 Esquema que mostra a fórmula pleocroica da turmalina. Observar que, quando o cristal de turmalina fica com sua direção *E* paralela à direção do polarizador, o mineral mostra cor verde-clara (absorção fraca), e, quando a direção *O* fica paralela ao polarizador inferior, o mineral exibe cor verde-escura (absorção forte). Acha-se também representado o modelo óptico cristalográfico de um cristal de turmalina indicando as faces e a disposição das direções *E* e *O*. A turmalina tem $n\varepsilon$ = 1,610 e $n\omega$ = 1,631. Como $n\varepsilon < n\omega$, o seu sinal óptico é negativo

Fonte dos dados: Kerr (1977).

Referências bibliográficas

BLOSS, F. D. *Introduction a los métodos de cristalografia óptica*. Barcelona: Editora Omega, 1970. 320 p.

DEER, W. A.; HOWIE; R. A.; ZUSSMAN, Y. *Minerais constituintes das rochas: uma introdução*. 1. ed. Lisboa: Editora Fundação Calouste Gulbenkian, 1966. 358 p.

FLEISCHER, M.; WILCOX, R. E.; MARZKO, J. J. Microscopic determination of the nonopaque minerals. 3rd ed. *U.S. Geol. Surv. Bull.*, n. 1627, 1984.

FUJIMORI, S.; FERREIRA, Y. A. *Introdução ao uso do microscópio petrográfico*. 2. ed. Salvador: Centro Editorial e Didático da UFBA, 1979. 202 p.

KERR, P. F. *Optical mineralogy*. 1st ed. New York: McGraw-Hill, 1977. 492 p.

NESSE, W. D. *Introduction to optical mineralogy*. 3rd ed. New York: Oxford Univ. Press, 2004. 348 p.